花湖机场数字建造实践与探索丛书

数字建造策划

刘春晨　冯晓平　张洪伟　著

武汉理工大学出版社

图书在版编目(CIP)数据

数字建造策划 / 刘春晨,冯晓平,张洪伟著. —武汉：武汉理工大学出版社，2023.3
(花湖机场数字建造实践与探索丛书)
ISBN 978-7-5629-6799-6

Ⅰ.①数… Ⅱ.①刘… ②冯… ③张… Ⅲ.①数字技术—应用—建筑工程
Ⅳ.①TU-39

中国国家版本馆 CIP 数据核字(2023)第 054283 号

Shuzi Jianzao Cehua
数字建造策划

项目负责人:汪浪涛　　**责任编辑**:汪浪涛
责任校对:陈　平　　**版面设计**:博壹臻远
出版发行:武汉理工大学出版社
网　　址:http://www.wutp.com.cn
地　　址:武汉市洪山区珞狮路 122 号
邮　　编:430070
印 刷 者:武汉市金港彩印有限公司
发 行 者:各地新华书店
开　　本:787mm×1092mm　1/16
印　　张:12
字　　数:307 千字
版　　次:2023 年 3 月第 1 版
印　　次:2023 年 3 月第 1 次印刷
定　　价:85.00 元

《数字建造策划》编写组

本书主编：刘春晨　冯晓平　张洪伟

参编人员：邹先强　熊　继　苏晓艳　郭　曾
刘东海　范怡飞　袁　耀　李　惠
温加维　樊　丽　刘爱军　杨林晓
王乾坤　张　赣　罗迎兵　谭丽丽
厉　超

主编单位：
深圳顺丰泰森控股（集团）有限公司
湖北国际物流机场有限公司
中国建筑标准设计研究院有限公司
参编单位：
中铁北京工程局集团有限公司
审核单位：
武汉理工大学
天津大学

序　言

“智慧民航”是在党的十九大明确提出建设交通强国奋斗目标的时代背景下，遵循习近平总书记关于打造“四个工程”和建设“四型机场”的重要指示精神，经过全行业数年钻研、探索和实践逐渐形成的，现已成为民航“十四五”发展的主线和核心战略。

民用机场领域的改革创新令人瞩目。2018年以来，国家民航局作出了一系列重大部署：一是系统制定行动纲要、指导意见和行动方案，指明目标和路径；二是高频发布各类导则、路线图，优化标准规范、招标规定、定额管理，为基层创新纾困解难；三是推出63个“四型机场”示范项目，组织机场创新研讨会、宣贯会，并召开民航建设管理工作会议，营造出浓郁的创新氛围。

鄂州花湖机场紧随行业步伐创新实践。2018年，该机场经国务院、中央军委批准立项，是第一个在筹划、规划、建设、运营全阶段贯彻“智慧民航”战略的新建机场，也是民航局首批四型机场标杆示范工程、住房和城乡建设部首个BIM工程造价管理改革试点、工信部物联网示范项目、国家发展改革委5G融合应用示范工程。

鄂州花湖机场智慧建造实践已取得成效。在设计及施工准备阶段，该机场深度应用BIM技术，集中技术人员高强度优化、深化和精细化建立“逼真”的数字机场模型；在施工阶段，通过人脸识别及数字终端设备定位追溯人员、车辆、机械，构建全场数字生产环境，利用软件系统及移动端跟踪记录作业过程的大数据，不但保证建成品与模型“孪生”，还强化了安全、质量、投资管理以及工人权益保障等国家政策的落实。

鄂州花湖机场智能运维的效果令人期待。该机场汇聚一大批行业内外的科研机构、科技公司及专家学者，将5G、智能跑道、模拟仿真、无人驾驶、虚拟培训、智慧安防、协同决策、能源管理等15类新技术应用到机场，创新力度大，效果可期。

为全面总结鄂州花湖机场建设管理的经验教训，参与该机场研究、建设、管理的一批人，共同策划了“花湖机场数字建造实践与探索”丛书。本丛书以鄂州花湖机场为案例，系统梳理和阐述机场建设各阶段、各环节实施数字及智能建造的路径规划、技术路线、实施标准及组织管理，体系完善，内容丰富，实操性强，可资民用机场及相关领域建设工作者参考。

希望本丛书的出版，能对贯彻“智慧民航”战略，提升我国机场建设智慧化水平，打造机场品质工程和“四型机场”发挥一定的作用。

前　言

近年来以数字化、网络化和智能化为标志的新一代信息技术正在加速行业的变革，通过与各产业深度融合，催生新一轮产业革命，这必将对人类的生产和生活产生颠覆性的影响。工程建设行业作为一个传统行业，在过去的30多年中取得了巨大的成就。中国民用航空机场行业正处于行业成长期的加速发展阶段，它对促进地区经济发展、提升城市影响力及激发城市发展潜力发挥着重要作用。但是，传统的机场建设，与其他工程建设类似，数字化应用程度较低、管理方式不够精细，新技术应用成为弱项短板，由此带来了信息不对称、信息孤岛化及碎片化等问题，制约着工程建造品质的进一步提升。在这样的背景下，中国民用航空局提出了聚焦“四个工程”和“四型机场”发展要求，全面推行现代工程管理，打造民用机场品质工程，提供中国民用机场建设方案，形成中国民用机场建设标准，塑造中国民用机场建设品牌。《中国民航四型机场建设行动纲要（2020—2035年）》提出了四型机场建设的目标、路径，明确了智慧机场“智能化、数字化、网络化”的转型升级要求。在这样的背景下，工程数字建造技术在民航机场建造中的应用成为民航机场建设质优式发展的必然需求。

BIM技术和数字化施工技术作为工程数字建造技术的重要组成部分，其巨大价值已经为工程建设行业所认可。从2011年开始，在国家各级行政主管部门的大力推动下，BIM技术等工程数字建造技术在工程行业的应用广度和深度不断扩大，取得了诸多的实践经验，但同时也存在BIM技术实施的顶层设计缺乏、技术和管理“两张皮”、集成化应用不足等诸多问题，导致应用成效不足。工程数字建造技术的实施是一项系统工程，需要按照“大处着眼、小处着手”的思路来策划，对具有建设规模大、业态多、专业多、参与方多等特点的机场工程等大型项目尤其如此。工程数字建造技术实施前需要基于项目特点和需求，构建数字化建造的顶层设计，基于顶层设计分层次、分步骤推进。花湖机场正是基于该思路，在实施前策划编制了工程数字建造总体策划，完成整个项目BIM实施的顶层设计，以及数字化施工总体布置，整个项目也正是按照总体策划的要求推进BIM实施、智慧工地建设和施工数字化监控，开创了机场工程数字建造总体规划的先河。

本书作为系列丛书的开篇之作，立足花湖机场项目实践，介绍如何进行BIM、数字化施工等工程数字建造技术的总体策划，从数字化建造的实施背景、数字化建造总体策略、标准体系的构建与实践应用、BIM 技术的应用环境规划，到工程数字建造技术在项目中的创新实践与成效，全方位透析工程数字建造策划的主要内容，为项目的决策者和管理者提供参考。

鉴于工程数字建造技术还处于发展探索阶段，并受限于编者水平和编写时间，本书难免存在疏漏和不足之处，仍需在以后的工程实践中逐步完善，恳请读者批评指正！

目　录

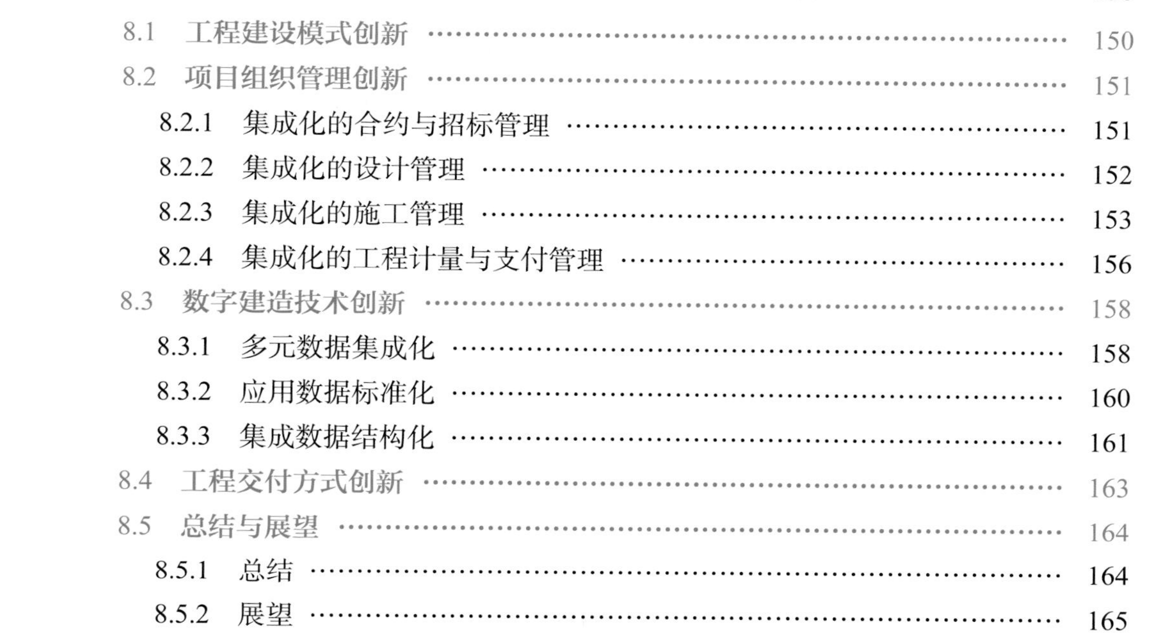

1 绪　论

1.1 引言

当前，我国已经把数字化发展放在了推动国家发展、经济转型至关重要的位置。习近平总书记在2014年首届世界互联网大会上提出，"要推动互联网、大数据、人工智能和实体经济深度融合，加快制造业、农业、服务业数字化、网络化、智能化"。2017年12月8日中共中央政治局就实施国家大数据战略进行第二次学习时，习近平总书记发表了关于实施国家大数据战略、加快建设数字中国的重要论述。2018年4月22日首届数字中国建设峰会上，习近平总书记贺信再次强调"信息技术创新日新月异，数字化、网络化、智能化深入发展，在推动经济社会发展、促进国家治理体系和治理能力现代化、满足人民日益增长的美好生活需要方面发挥着越来越重要的作用"，提出"加快数字中国建设，就是要适应我国发展新的历史方位，全面贯彻新发展理念，以信息化培育新动能，用新动能推动新发展，以新发展创造新辉煌"。2019年10月24日，习近平总书记在十九届中央政治局第十八次集体学习时的讲话中提到"运用大数据、云计算、区块链、人工智能等前沿技术推动城市管理手段、管理模式、管理理念创新，从数字化到智能化再到智慧化，让城市更聪明一些、更智慧一些，是推动城市治理体系和治理能力现代化的必由之路，前景广阔"。2021年两会的《政府工作报告》中提出，"十四五"时期要加快数字化发展，打造数字经济新优势，协同推进数字产业化和产业数字化转型，加快数字社会建设步伐。

建筑行业作为我国国民经济的重要组成部分，在过去的30多年中取得了巨大的成就，当前我国无论是在建筑业总产值，还是在建筑业企业数量、从业人数规模等多个领域都位居世界第一。但长期碎片化和粗放式的工程建造方式也带来了一系列亟待解决的问题，如资源浪费、环境污染、生产效率、工程安全和建筑质量等诸多问题，全社会对建筑行业高质量发展的需求变得尤为紧迫，行业转型迫在眉睫，亟须找到转型的抓手。当前数字化技术正在加速各个行业的变革，以数字化、网络化和智能化为标志的新一代信息技术，正在与各行业深度融合，催生新一轮产业革命，必将对人类的生产和生活产生颠覆性的影响。建筑行业正如其他行业一样，也正在加速拥抱数字化技术，建筑业与数字化技术的融合势不可当，已经成为建筑业转型升级的必然趋势。近些年的实践证明,BIM等工程数字化技术的推广和应用,已经对工程建设行业产生了巨大的工程价值,具有明显的经济效益和社会效益。但同时工程数字化技术在推广应用过程中也面临各种问题,首要问题就是认识问题,以下对工程数字化的内涵、国家行业相关政策以及发展现状和趋势进行系统化的解读,希冀从工程数字化的角度能够带给读者更多的关注和启发,共同推动数字化技术在机场工程领域的深度融合。

1.2 工程数字化概述

1.2.1 工程数字化的内涵

数字化是当下最热门的话题之一,那数字化到底是什么?其实很难给它一个准确的定义,但需要区分两个重要的概念:Digitization(数字化)和Digitalization(数字化)。第一个数字化(Digitization)的范围比较窄,主要是指将信息从物理格式转换为数字版本的过程,或者可以把它理解为“电子化”;第二个数字化(Digitalization)侧重于组织流程和业务流程的数字化。简而言之,第一个数字化(Digitization)与信息处理有关,第二个数字化(Digitalization)与流程有关。本书提到的数字化更多是指第二个数字化(Digitalization)。

近年来数字化技术在各个行业的广泛应用已经深刻改变了许多传统的生产和管理组织的模式及流程,极大地推动了行业的进步,而数字化技术与工程相结合催生的工程数字建造技术(图1-1),也正在逐步改变传统工程建设行业的生产和管理组织的模式及流程,推动传统建造模式走向数字化建造、智慧建造,推动传统建筑运维模式走向数字化运维、智慧运维(图1-2),这是技术发展的必然结果,同时也是工程建设行业高质量发展和创新发展的必然选择。总体上看,当前工程建设行业的数字化技术应用正处于传统建造与传统运维向数字化建造与数字化运维转型的阶段。

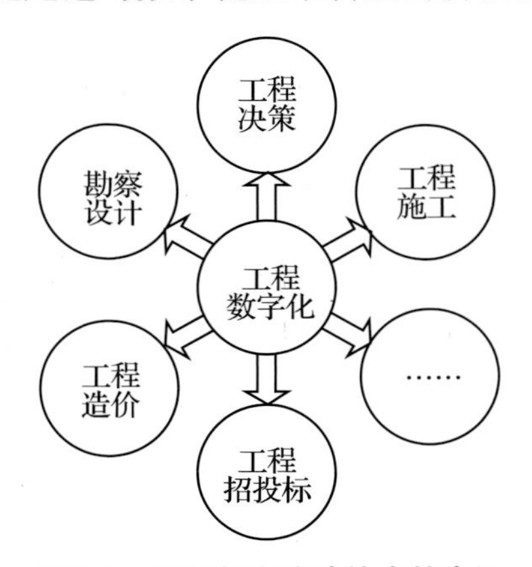

图1-1 工程数字建造技术的内涵

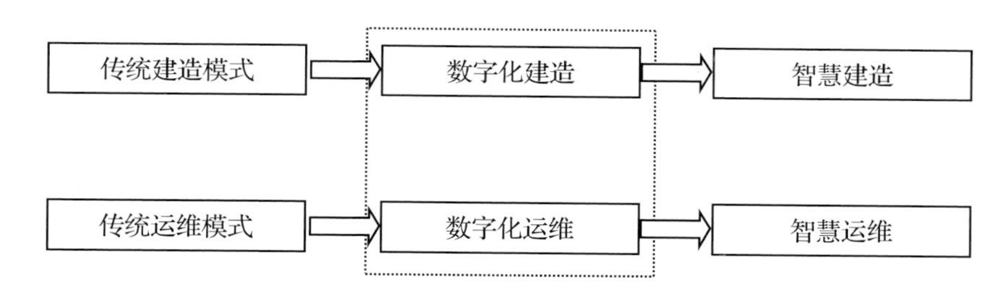

图 1-2 建造和运维方式的变化

目前学术界关于工程数字化还没有一个统一的定义和表述，为了更好地解读工程数字化，这里可以将其理解为数字化技术在建设工程全生命周期的应用，包括数字化建造和数字化运维。本书中的数字化建造特指数字化技术在工程建设阶段（设计和施工阶段）的应用，包括数字化设计、数字化加工以及数字化施工（图 1-3）。

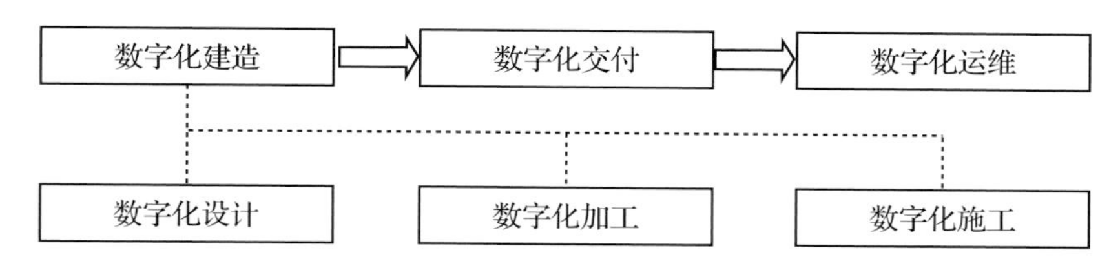

图 1-3 工程数字化的基本构成

当前工程建设领域广泛应用的BIM技术与工程数字化有什么关系呢？这个问题可以从 BIM 的定义中找到答案。BIM（Building Information Modeling）的概念最早可以追溯到 20 世纪 70 年代由美国佐治亚理工大学建筑与计算机学院的查克·伊士曼博士提出的“Building Description System”（建筑描述系统），经过多年的发展实践，其定义可以理解为以三维数字技术为基础，集成了建筑工程项目各种相关信息的工程数据模型，BIM是对工程实体和功能特性的数字化表达，因此广义的 BIM 可以理解为工程数字化。

1.2.2 数字化设计

传统二维 CAD 设计由于设计工具及手段的限制，无法充分发挥设计师的创造力和生产力，设计师大部分精力都耗费在设计制图和图纸的修改上而非设计的创造力上，制约了设计质量和效率提升，图纸的“错、漏、碰、缺”等问题也普遍存在于工程设计行业，同时问题图纸也给后面的施工及项目管理带来诸多新的问题，进而对工程的质量、进度和成本等产生不利影响。传统以 CAD 为代表的二维设计正在向以 BIM 协同化设计为代表的数字化设计转变（图 1-4）。通常意义上的 BIM 协同化设计是指各专业利用 BIM 软件在统一的环境下开展协同设计工作，具有典型的三维可视化、参数化、对象化、协同化和可模拟性等特征，不仅能够很好地解决传统 CAD 设计存在的各种问题，同时能够以模型为载体全过程记录设计对象的各种属性信息，为工程多个参与方的信息共享和协同工作提供了重要的手段。

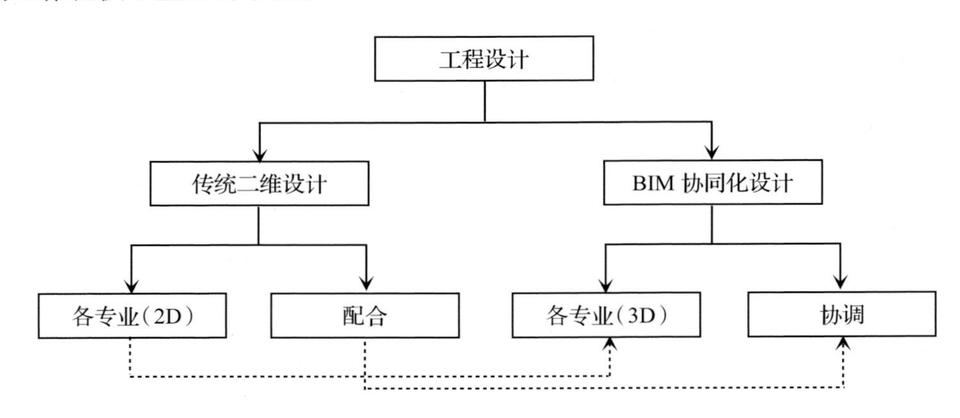

图 1-4　传统二维设计与 BIM 协同化设计

BIM协同化设计要求各专业设计人员除了专业知识外还要掌握数字化设计的工具、流程、协同机制等，同时还要求设计人员建立工程全生命周期思维，比如数字化设计可把施工可行性和运维的合理性，通过虚拟仿真手段前置到设计阶段来实现，将工程的诸多不确定性降到最低。当然这种方式离不开施工企业和专业运维团队的提前参与，需要结合工程建设的组织模式来实现。

近年来一些国内领先的大型设计院已经开始了数字化设计之路，逐渐形成了数字化设计的核心竞争力，其实践证明，数字化设计在提高多专业协同效率、提升整体设计质量方面具有明显的优势，以 BIM 协同化设计为代表的数字化设计无疑是设计行业的一次重大变革，革新了设计工具、再造了设计流程、建立了新的协同方式。因此数字化设计不仅体现出设计方式的重大变革，同时作为工程全生命周期的龙头也引领着工程建设行业的数字化进程。

1.2.3　数字化施工

工程项目的施工阶段是大规模的资源投入阶段，也是管理难度最大的阶段，亦是工程各种问题频发的阶段，对数字化转型的需求最为迫切。数字化施工主要是运用数字化技术辅助工程建造，通过人与信息终端交互进行，主要体现为表达分析、计算模拟、监测控制以及全过程的连续信息流的构建。数字化施工的本质在于以数字化技术为基础，驱使工程组织形式和建造过程的演变，最终实现工程建造过程的变革。从外延上看，数字化施工是以数字信息为代表的新技术与信息驱动下的工程建设的方式的转变，包括组织形式、管理模式、建造过程等全方位的变迁，数字化施工将使工程施工作业方式从根本上发生改变。

数字化施工集成了 BIM、物联网、计算机仿真等技术的应用。一方面，在工程建设的施工阶段可以继承设计阶段的数字化模型，在此模型基础上开展包括深化设计、施工组织及工序模拟等工作，提前对施工过程中的重难点做出预判，发现问题并解决问题；另一方面，在施工过程中，基于项目协同管理平台，通过物联网、互联网、移动终端等技术实现对施工过程各施工要素的实时监测与控制，助力施工质量、成本、进度和安全目标的实现。近年来的工程实践表明：积极发展数字化施工，能够改变传统工程施工的组织模式，实现工程施工由劳动密集型向科技密集型的转型升级，大幅度提高劳动生产率、生产功效以及资源利用率，最大限度地降低工程建造对环境的影响，实现绿色建造、精益建造。同时，数字化施工的推行，如智慧工地、施工数字化监控等的实施，能够革新施工现场的管控模式，实现对施工现场人员、机械设备和环境等状态的全方位立体化监控，以及工程施工质量、安全、进度等全过程实时管控，摒弃工程建设中严重依赖于人的管控模式，大大提升了工程建设的管理水平与安全质量保证能力。

近年来，随着物联网（Internet of Things，IoT）、人工智能（Artificial Intelligence，AI）、建筑信息模型（Building Information Modeling，BIM）、云计算（Cloud Computing）、大数据（Big Data）、计算机视觉（Computer Vision，CV）、移动互联网等新兴技术的快速发展，数字化施工技术（digital construction management and engineering）得到迅速发展，数字化施工也在朝着更智能、更智慧的方向发展，最终推动数字建造走向智慧建造。

1.2.4 数字化运维

工程项目在竣工交付以后，开始进入运维阶段，为了保证建筑物的正常运行和维护，需要对其开展全方位的设施管理。设施管理（Facility Management）也可以称为运维管理，为了便于理解，本书统一称之为运维管理。按照国际设施管理协会（International Facility Management Association，IFMA）和美国国会图书馆的定义，运维管理是“以保持业务空间高品质生活和提高投资效益为目的，以最新的技术对人类有效的生活环境进行规划、整备和维护管理工作”。它将物质的工作场所与人和机构的工作任务结合起来，综合了工商管理、建筑、行为科学和工程技术的基本原理。传统的运维管理实际上就是通常说的物业管理，现代的运维管理可以结合数字化技术进行更为高效的管理。

随着BIM等数字化技术在工程项目的设计、施工等整个建设阶段的应用，数字建筑交付物因经历了建造过程法定规则的跟踪检验，确认满足规定的精确度要求，从而与建筑实体近似一致，即成为“数字孪生”交付物，为后期的运维管理提供了一种新的可靠的信息源，即通常说的竣工模型。基于该竣工模型的可视化和数据集成优势，结合运维管理系统，使得数字化运维成为代替或改善传统运维方式的新手段。因此可以这样定义数字化运维：基于数字化技术，综合运用物联网、移动终端、大数据等现代信息技术实现对建筑物的运维管理。数字化运维不仅实现了传统运维管理的再造升级，而且也实现了BIM竣工模型等数字资产的再利用。数字化运维与传统运维相比并没有改变运维的对象，只是在运维管理的技术手段和措施上有所差别。数字化运维通常包括基于数字化技术的空间管理、设施设备管理和维护、安防、消防与应急管理、能源与环境管理等内容。在机场或者类似综合运行场景里，孪生数据库还为指挥、调度、特殊情况处置等运行场景的可视化提供了难得的数据基础。

数字化运维发展到一定阶段，结合大数据、人工智能等技术的综合应用，将具有“自感知、自分析、自决策”等高度智慧化特征，这时可以把数字化运维称为智慧运维，所以智慧运维可以理解为数字化运维发展的高级阶段。

1.3 国家及行业相关政策

1.3.1 国家相关政策

BIM技术作为工程数字建造技术的重要内容，其应用的广度和深度决定了工程数字建造技术的应用广度和深度。住房城乡建设部在2011年5月发布了《2011—2015年建筑业信息化发展纲要》，该纲要作为政府指导性文件，首次提出大力推动建筑信息模型（BIM）技术在建筑工程领域的应用。各地方政府纷纷响应，出台了一系列的政策举措，鼓励和支持BIM技术的发展和应用，BIM技术应用在国内掀起了阵阵热潮。截至2015年底，国内许多工程尤其是地标类及大型复杂工程几乎都在不同程度上采用了BIM技术。2015年6月和2016年5月住房城乡建设部相继发布了《关于推进建筑信息模型应用的指导意见》和《2016—2020年建筑业信息化发展纲要》，政府系列文件的出台再一次把推动BIM技术在建筑行业的应用提高到前所未有的高度。截至2020年，国家层面出台的BIM等工程数字建造技术应用的相关重要政策如表1-1所示。

表1-1 国家层面推动BIM等工程数字建造技术应用的相关重要政策

发布时间	政策	发布单位	主要内容
2015年	《关于推进建筑信息模型应用的指导意见》	住房城乡建设部	制定BIM技术应用配套激励政策和措施，扶持和推进相关单位开展BIM技术的研发和集成应用，研究适合BIM技术应用的质量监管和档案管理模式
2016年	《2016—2020年建筑业信息化发展纲要》	住房城乡建设部	全面提高建筑业信息化，增强BIM、大数据、智能化、移动通信、云计算、物联网等信息技术集成应用能力，建筑业数字化、网络化、智能化取得突破性进展，初步建成一体化行业监管和服务平台

续表 1-1

发布时间	政策	发布单位	主要内容
2017 年	《关于促进建筑业持续健康发展的意见》	国务院	进一步深化建筑业“放管服”改革，加快产业升级，促进建筑业持续健康发展，为新型城镇化建设提供支撑，经国务院同意，提出的意见包括： 加快推进建筑信息模型（BIM）技术在规划、勘察、设计、施工和运营维护全过程的集成应用，实现工程建设项目全生命周期数据共享和信息化管理，为项目方案优化和科学决策提供依据，促进建筑业提质增效
2019 年	《关于推进全过程工程咨询服务发展的指导意见》	住房城乡建设部、国家发展改革委	在房屋建筑和市政基础设施领域推进全过程工程咨询服务发展，加快推进建筑信息模型（BIM）技术在规划、勘察、设计、施工和运营维护全过程的集成应用，实现工程建设项目全生命周期数据共享和信息化管理，为项目方案优化和科学决策提供依据，促进建筑业提质增效
2020 年	《住房和城乡建设部工程质量安全管理司 2020 年工作重点》	住房城乡建设部	“推动绿色建造发展，促进建筑业转型升级”要点中，重点提到： 积极推进施工图审查改革。印发房屋建筑和市政基础设施工程施工图设计文件联合审查技术要点，突出安全审查，推动联合审查。创新监管方式，采用“互联网+监管”手段，推广施工图数字化审查，试点推进 BIM 审图模式，提高信息化监管能力和审查效率
2020 年	《关于推动智能建造与建筑工业化协同发展的指导意见》	住房城乡建设部	大力发展装配式建筑，推动建立以标准部品为基础的专业化、规模化、信息化生产体系。加快推动新一代信息技术与建筑工业化技术协同发展，在建造全过程加大建筑信息模型（BIM）、互联网、物联网、大数据、云计算、移动通信、人工智能、区块链等新技术的集成与创新应用
2021 年	“十四五”建筑业发展规划的通知	住房城乡建设部	培育智能建造产业基地，加快人才队伍建设，形成涵盖科研、设计、生产加工、施工装配、运营等全产业链融合一体的智能建造产业体系；加快推进建筑信息模型（BIM）技术在工程全寿命期的集成应用；推广数字化协同设计

从近年来国家发布的相关政策看，总结起来体现在如下几个方面：

（1）政策要求并非单一 BIM 技术的应用，而是要求推动 BIM、互联网、物联网、云计算等工程数字建造技术的集成应用。

（2）充分考虑了行业需求和技术发展现状，要求大力推动 BIM 等工程数字建造技术在建筑全生命周期的应用。

（3）政策要求各级政府监管部门通过 BIM 等工程数字建造技术的集成应用，实现审查和监管方式的创新。

（4）政策强调了 BIM 等工程数字建造技术与建筑工业化技术的协同发展，推动建筑业提质增效的重大意义。

在国家政策的推动下，多个省、直辖市、自治区先后推出相关的BIM技术标准和政策。截至2020年，已有超过一半以上的省、直辖市、自治区发布了相关的政策，结合地方现状和发展需求，从指导思想、工作目标、实施范围、重点任务以及保障措施等多角度，给出推动BIM技术应用的方法和策略，对行业起到显著的引导和促进作用。

除BIM技术外，智慧工地是工程数字建造的又一项重要技术。自2018年以来，多地政府对于智慧工地建设的推进也在有条不紊地展开。北京、浙江、江西、江苏、深圳及重庆等全国多个省市，围绕推进智慧工地建设相继出台了诸多相关政策文件。随后这些省市又对智慧工地建设的有关技术标准进行了编制，例如河北省的《智慧工地建设技术标准》、江苏省的《普通国省干线公路智慧工地建设技术标准》、重庆市的《2019年"智慧工地"建设技术标准》、深圳市的《深圳市"智慧工地"施工现场硬件配置技术指引》、山东省的《房屋建筑工程智慧工地建设技术标准》、北京市的《智慧工地技术规程（征求意见稿）》及宁夏回族自治区的《智慧工地建设技术标准》等，全面推动了相应地区的智慧工地建设的发展。

此外，作为全国唯一被住房城乡建设部和科技部同时批准成立的智慧城市试点城市，武汉在智慧工地建设推广过程中也不遗余力。早在2015年8月，武汉市委办公厅就印发《关于推进"互联网+"产业创新工程的实施意见》，其中明确指出：积极推动新一代信息技术在建筑建造领域的深度融合，支持利用互联网和云计算整合设计资源，支持"智慧工地"建设，利用新一代信息技术保障施工安全，提高监管效率。

1.3.2 机场建设行业相关政策

为贯彻落实习近平总书记2019年9月25日在北京大兴国际机场关于"四型机场"建设的指示要求，推进新时代民用机场高质量发展和民航强国建设，民航局在2020年1月9日正式发布《推进四型机场建设行动纲要》（以下简称《纲要》），该纲要是指导全国民航推进四型机场建设的纲领性文件。《纲要》指出：四型机场是以"平安、绿色、智慧、人文"为核心，依靠科技进步、改革创新和协同共享，通过全过程、全要素、全方位优化，实现安全运行保障有力、生产管理精细智能、旅客出行便捷高效、环境生态绿色和谐，充分体现新时代高质量发展要求的机场。其中智慧机场是生产要素全面物联、数据共享、协同高效、智能运行的机场。

《纲要》中明确提出确保机场建设安全的主要任务是深入推进民航专业工程质量和安全监督管理体制改革，构建现代化工程建设质量管理体系：推进精品建造和精细管理，大力弘扬工匠精神，实现项目管理专业化、工程施工标准化、管理手段信息化、日常管理精细化。同时也提出建设智慧机场，推动转型升级，加快信息基础设施建设；实现数字化，推进数据共享与协同；实现网络化，推进数据融合应用；实现智能化，切实保障信息安全。当前机场建设中信息化、数字化技术的创新应用正是深入贯彻四型机场建设要求的重要体现。

为更好地指导国内各机场开展四型机场建设，落实《纲要》的相关要求，民航局于2020年12月批准发布了行业标准《四型机场建设导则》(MH/T 5049—2020)(以下简称《导则》)。《导则》强调四型机场建设应该贯穿于规划、设计、施工、运营等机场全生命周期，而不是将四型机场局限在建设或运营的某一阶段。《导则》提出了智慧机场两个体系、五个层级的总体架构。两个体系即机场信息化建设标准体系、IT服务管理体系，五个层级即基础设施层、数字平台层、业务管理层、生产运行层、用户体验层等。智慧机场总体架构为机场建设和运营的数字化、网络化和智能化奠定了平台的建设基础。《纲要》和《导则》为信息化、数字化技术在智慧机场建设上提供了指导依据。

2019年民航局《关于促进机场新技术应用的指导意见》(以下简称《指导意见》)正式发布，其中指出"对机场从规划设计到生产运行的各生产要素、业务流程进行全方位优化并纳入《机场新技术名录指南》(以下简称《指南》)"。《指南》将民用机场飞行区施工及质量安全数字化监控技术、民用机场飞行区及航站楼BIM技术、民用机场建设运营一体化管理系统等技术列入工程建设与管理类新技术名录中，并明确了大型枢纽机场、中型枢纽机场、小型枢纽机场和非枢纽机场分阶段推进新技术应用的时间周期和具体要求。

2020年底，民航局印发《推动新型基础设施建设促进民航高质量发展实施意见》(以下简称《实施意见》)、《推进新型基础设施建设五年行动方案》(以下简称《五年行动方案》)。《实施意见》中明确提出：加快民航传统基础设施与新型基础设施深度融合，推动行业数字化、智能化、智慧化转型升级，促进民航基础设施高质量发展，打造现代化航空运输系统基础底座，支撑民航强国战略实施；智慧民航新型基础设施应与行业传统基础设施深度融合。通过打造自主可控的数字化赋能平台、塑造促进数字化智能化升级的创新体系、构建开放的数字化生态体系等，实现数据深度共享、业务高度智能。其内涵是传统设施数字化智能化升级。

《实施意见》中明确提出：机场建设要强化全生命周期管理，全面提升民航新型基础设施规划、设计、建设、运营、维护、更新等各环节全生命周期管理水平，运用BIM技术、数字孪生等技术，开展智能建造和建筑工业化，推进资源节约、环境友好以及工程质量安全多方面的效益品质的提升。这与住房城乡建设部2016年发布的《关于推进建筑信息模型应用的指导意见》遥相呼应，进一步强调了BIM等工程数字建造技术在机场建设行业的推广应用。

《五年行动方案》则是《实施意见》的具体落实，该方案提出以建设行业底层基础设施和搭建生态系统主体骨架为核心，选择关键环境和应用场景，力争到2025年行业数字化转型取得阶段性成果，与民航“十四五”规划主要任务同步。

1.4 工程数字建造技术的应用现状与发展趋势

1.4.1 工程数字建造技术的应用现状

中国建筑信息化起步于2000年左右，但BIM的概念直至2003年前后才在中国的建筑行业得到关注。彼时正值美国Autodesk公司推出了Revit软件，并在全世界范围内加以推广BIM技术。早期，我国只有少数大型建设项目是采用BIM技术的，例如北京奥运会水立方、上海世博会中国馆。虽然起步较晚，但BIM技术在中国的发展较为迅速，BIM技术价值也得到了众多政府机构、咨询公司和建筑企业的清晰认识。为了促进BIM技术的应用，2010年清华大学BIM课题组参考NBIMS标准，提出了中国建筑信息模型标准框架CBIMS(Chinese Building Information Modeling Standard)，其中主要定义了CBIMS标准的基本框架；2012年住房城乡建设部发布《关于印发2012年工程建设标准规范制订修订计划的通知》，其中就首次明确提出开展我国BIM相关标准的制定工作。这里的相关标准主要涵盖了以下五项BIM标准：《建筑工程信息模型存储标准》《建筑工程设计信息模型交付标准》《建筑工程信息模型应用统一标准》《制造工业工程设计信息模型应用标准》《建筑工程设计信息模型分类和编码标准》。香港是BIM技术应用的一个前沿地区，早在2009年香港房管局就推出了第一版的BIM标准手册。之后出台了一系列规划措施，要求从2014年开始，所有的住宅项目都要使用BIM作为标准设计工具。通过在实际项目中逐步应用BIM技术，香港正在将建设项目各参与方整合到BIM这一可视化的设计平台中，其在优化设计、有效协调方面的优势显著。

在设计优化领域，一些学者先后对BIM技术在建筑设计中的应用作了分析讨论，指出BIM技术在设计领域的应用主要包括：前期的概念设计、具体方案和技术设计、施工图设计等。在专项设计方面，基于对BIM技术在基坑设计中的应用现状的深入研究，得出基于BIM技术的智能设计实现方法，指明了在基坑设计方面BIM技术的应用带来了很高的附加价值；在桥梁、道路工程方面，通过BIM技术的应用，实例论证了BIM技术对于那些复杂、大型的桥隧工程在加快设计进程、提高设计质量、论证方案的可实施性、减少施工中的问题、降低施工成本等方面有突出的作用；在设计管理模式方面，与传统设计管理模式相比，采用BIM技术对于设计工作的管理更有助于解决工程信息共享的问题，进一步提升建筑业信息化管理水平；在模拟分析方面，通过Autodesk Revit和Ecotect Analysis软件从建筑外观、能耗、成本控制等多方面进行论证分析，基于BIM的协同设计能够提高各专业之间的设计效率，从经济性分析的角度更利于最终优化方案的确定。

在数字化施工领域，我国直到2015年才由学者郭冬建正式提出智慧工地的内涵，即人工智能、传感技术、虚拟现实等新技术用于施工现场各部分，基于现代化信息技术使之融合，促进安全管理人员与工程施工现场的结合的工地，但智慧工地相关技术的应用却早已开始。例如，在2013年，中国联通针对工地现场监管困难的问题，打造了工地远程视频监控系统，管理者通过该监控系统可及时发现工地中的安全质量隐患，能够实现全省联网和分级监管等功能，包括各级监管部门、投资建设单位、施工单位和监理单位等。各级管理者都可通过监控中心大屏幕、PC网页端、移动终端APP远程查看工地现场的实时画面，这有效提高了工作效率，并解决了工地管理中人力、物力不足造成的监管难的问题。广联达股份有限公司对智慧工地进行了更加全面的定义，提出：智慧工地就是充分利用新一代信息技术，来改变施工项目现场参建各方的交互方式、工作方式和管理模式。智慧工地应充分体现感知化、互联化、物联化、智能化的特点。随后又提出了智慧工地应包含全模型、碎片化应用、大数据、大协同等新的含义。2015年有学者提出在物联网技术的应用下，智慧工地的实施将实现对工地施工进度的全面掌控，工地的各级管理人员将不必到工地现场便可及时、准确地掌握工地现场的具体进展情况，内容涵盖工人的考勤、机械设备操控情况、施工材料使用情况等。

GIS（地理信息系统）等信息技术最早运用于土地资源管理，然后逐步进入到交通规划、城市规划等领域。近年来，GIS技术逐步扩展到建筑领域，在建造过程及项目管理相关业务中发挥着重要作用。例如，GIS技术可以实现对工程项目、企业、人员及设备的管理，也可以建立项目质量安全监督档案用以保存、处理各类监督数据，协助相关监管人员完成对在建工程质量安全的监督和管理。除此以外，它还支持在电子地图上全面准确地描述在建工程的分布位置、坐标、类型、形象进度等空间数据，利用信息化的手段处理相关信息，在电子地图或者施工现场总布图上显示动态的施工成果。通过GIS技术，确定了项目、设备、人员等的位置，在建设工程项目管理过程中，共同组成了网格动态管理。针对项目在哪里，项目进展到哪个节点，有哪些危险因素，现场的设备情况怎样，现场的管理人员在哪里，现场的工人在哪里，运用此模型能够对项目进行有效的整体监管。近年来，有许多专家学者致力于研究GIS技术在工程建造方面的作用：在工程建造方面，有学者提出BIM和GIS技术的应用给综合管廊的设计及施工管理带来了良好的效果；在土石方工程的应用方面，有学者应用GIS技术实现了复杂地区土石方工程最优调配方案设计；在自动化监测方面，有学者基于监测管理平台，提高了监测数据的管理效率，保证用户随时可查看每个监测对象的实时信息；在建筑设备的管理方面，有学者研究得出GIS技术对解决传统建筑设备运行维护管理方式存在的信息不对称等问题有帮助，实现了对建筑设备的管理和服务状况的分析。

物联网（Internet of Things）本意指的是在物与物之间所建立的一种可以交互的网络。

物联网的特点有：信息全面感知，利用采集技术、链接数据终端系统，实时地获取现场人员、材料、机械的数据信息；安全准确传输，通过互联网获取施工现场的人员、材料和机械信息，各参与方随时随地进行交换和共享；数据智能处理，利用智能算法，对施工现场数据进行实时获取、快速分析处理，实现智能决策和控制。近年来物联网在工程项目中的应用越来越广泛，物联网在施工过程中的应用可以弥补传统的完全依靠人员管理和控制的管理方法，实现对施工现场人员、机器、材料、方法和环境的全面实时监控。有学者以轻量化BIM模型为载体，借助物联网传感技术，通过对试验仪器设备进行智能化升级，实现试验数据联网监管、履约人员考勤监管和视频监控管理，为实体工程和设备赋予了感知能力；有学者通过 WIFI 和 RFID 技术，实现了面向智慧工地的监管。在塔吊监测方面，有学者通过塔吊控制台的实时检测系统来采集塔吊数据，监控机器运行状况，该系统同时具备超限报警等功能，通过网络传输到远程监测中心来显示数据；有学者通过观察采集到的吊钩和重物的图像来判断塔吊是否安全，同时利用采集到的图像信息对施工的进展进行记录。

数字化技术的价值已经通过项目的实践成效得到了行业的认可，助推了行业的高质量发展。从决策者的认识和重视程度来看，当前阶段企业的决策者对 BIM 的认识更加客观、全面和理性，重视程度也越来越高。一些企业的决策者不仅考虑在项目的层面推动BIM等工程数字建造技术的全面应用，而且考虑从企业核心能力建设、推动企业数字化转型的角度来推动。从行业的角度看，民用建筑领域的 BIM 技术应用比较早而且应用相对较为成熟，机场建设行业的 BIM 技术应用起步较晚，但有后发优势。早期机场建设行业的 BIM 技术应用主要出现在机场航站楼的设计上，近年来在机场项目的新建和改扩建工程中，BIM 技术应用的广度和深度在不断扩大，已经从最早的航站楼扩展到场坪、场道等机场工程项目，从最早的设计阶段逐步扩展到施工阶段乃至运维阶段，从单一的 BIM 技术应用扩展到多种数字化技术的集成应用，并在应用过程中充分汲取其他行业的经验，立足机场建设行业，取得了诸多的实践经验。

1.4.2 工程数字建造技术的发展趋势分析

BIM 技术与数字化施工相结合是工程数字化的发展趋势，是应对当前工程数字建造技术应用中存在的难题的有效手段。

1.4.2.1 BIM 技术的发展趋势

当前阶段 BIM 技术应用已从最初的“点状”应用扩展到“系统化”应用，从“阶段性”应用逐步扩展到“全生命周期”应用，呈现出愈来愈高度集成化趋势，技术与管理逐步向深度融合方向发展。从 BIM 技术的发展趋势来看，主要体现在两个方面：一是 BIM 技术与其他数字化技术的数据集成；二是 BIM 技术与项目管理系统的集成。

(1)BIM 技术与其他数字化技术的数据集成

工程项目的数字化主要包括建筑实体的数字化、要素对象的数字化、作业过程的数字化、管理过程的数字化。建筑实体的数字化核心是构建建筑实体的 BIM 模型。要素对象的数字化是将工程项目上实时发生的情况，如"人、机、料、法、环"等要素的实时数据，通过智能感知设备进行收集，再将数据关联到 BIM 模型，让数字世界与工程现场的实时交互成为可能。作业过程的数字化是在建筑实体的数字化和要素对象的数字化基础上，从计划、执行、检查到优化改进形成有效闭环。项目进度、成本、质量、安全等管理过程的数字化，将传统管理过程中散落在各个角色和阶段的工作内容通过数字化的手段进行提升，形成了实际生产过程数据。

整个过程以BIM模型为数据载体，提取过程中的要素数据作为管理依据，实现对传统作业方式的替代和提升。管理决策的数字化是通过对项目的建筑实体、作业过程、生产要素的数字化，形成基于 BIM 模型的工程项目数据中心，通过数据的共享、可视化的协作带来项目作业方式和项目管理方式的变革，提升项目各参与方之间的效率。同时，在建造过程中，将会产生大量的可供深加工和再利用的数据信息，不仅满足现场管理的需求，也为项目进行重大决策提供了数据支撑。

(2)BIM 技术与项目管理系统的集成

在传统的项目管理系统中，各个业务模块的信息基本上是通过手工填报方式录入系统。由于项目管理的业务数据量巨大，这给操作人员带来了很大的工作量；同时各个业务模块间信息独立、割裂，造成数据不统一，口径不一致，以至于不能为项目决策及时提供准确数据，决策往往靠经验，给项目管理带来风险。BIM 技术与项目管理的集成应用表现为BIM数据与项目管理系统的集成，用以解决项目管理系统数据来源单一、不准确、不及时的问题。集成方式主要是从 BIM 应用软件导出指定格式的数据，然后将导出的数据直接导入项目管理系统中，从而进行集成。一般需要在项目管理软件中开发一定的功能，支持导入该格式的数据文件，这样可以节省数据录入或格式转换的时间，从而提高项目管理人员的管理效率。基于 BIM 技术的项目管理系统是近年来出现的新型项目管理软件平台，其主要特征是将各个专业设计的BIM模型导入系统并进行集成，关联进度、合同、成本、工艺、图纸、"人材机"等相关业务信息，形成综合 BIM 模型，然后可利用该模型的直观及可计算等特性，为项目的进度管理、现场协调、成本管理、质量管理等关键过程及时提供准确的基础数据，大幅提高信息共享的及时度和协同效率。

1.4.2.2 数字化施工的发展趋势

近几年，我国信息化技术得到了迅猛发展和应用，以数字化监控和智慧工地为核心的数字化施工技术是信息化技术应用于建筑行业的重要体现。其中，智慧工地是将BIM、GIS、云计算、大数据、移动通信、物联网监测、远程视频监控等技术与建造技术深度融合的产物，实现精益建造、绿色建造和生态建造的“智慧建造”理念。随着施工管理信息化的发展，智慧工地对施工主要要素的全面感知、施工信息的及时传递、工作的互联互通、信息的共享、多方的协同、决策科学分析、风险预控等诸多应用优势越发显著。智慧工地是建筑行业创新发展的重要技术手段，它的实施推广将对改变工地的管理模式与施工现状产生重要影响。从智慧工地的发展趋势上来看，主要体现在以下三个方面：

(1)现代先进技术将为智慧工地集成管理提供强力支撑

智慧工地的发展离不开工地本身的发展对智慧管理的需求驱动，体现的是对工地数据的结构化挖掘和应用。通过BIM技术、GIS技术、物联网技术等当代先进信息技术的综合应用，构建项目建造和运行的智慧环境，结合建筑施工行业新型集成管理机制，实现对工程项目全生命周期的所有过程实施有效改进和集成管理。

(2)基于云平台的项目协同管理将与智慧工地深度融合

基于信息化技术的智慧工地是工程领域的总体发展趋势，协同管理将与智慧工地深度融合，项目管理依托于高度协同的方法和工具来实现，项目阶段与阶段间信息互用性及共享性大大提高，协同程度不断加深。行业级、企业级大数据平台将为智慧项目协同的实现提供数据支持，在智慧工地环境下，协同范围从单纯的人与人协同转变为人、设备、终端间广泛协同，整个协同管理过程将在少量人为干预情况下实现。

(3)BIM+装配式建筑全产业链协同工作将成为建筑业的未来

智慧建造理念深入建筑行业将大幅减少资源损耗和降低碳排放，大幅提升大型建筑企业的管理水平，改变当前建筑行业发展经济性较差的现状，快速淘汰落后产能。建筑业建造模式将从智慧工地向装配式、智能建造方向发展。装配式建筑的发展涉及多方，并非一家企业便可成功，它涉及多种行业的设计规范与技术标准，必须依靠多方的力量、依靠多种产业的支持，将多方优势发扬光大才能完成。装配式建筑全产业链协同包括标准化设计、云端协同、智能化制造、精益化装配以及BIM信息化管理等流程。

项目工地的发展依托众多产业，要保质保量完成各个项目，必须依靠上游资源与上层系统的支持。智慧工地要互联互通，要求各参与方都积极参与到智慧工地的实践过程中来，实现各要素之间的良好协作和高效协同，这样施工工地才能成为真正的智慧工地。

1.5 数字建造应用问题分析

工程数字建造技术的应用在取得应用成效的同时，在实际工作中仍存在部分问题，可以总结为“需求不明确、实施不连续、标准不落地、法律不配套、招采不考量、软硬件环境不匹配”。具体为：

1.5.1 需求不明确

数字化转型是“一把手工程”，推行数字建造需要强有力的领导者。在BIM、智慧工地等工程数字建造技术推广应用过程中由于一些决策者对工程数字建造技术的认识不足或不全面，项目缺乏对工程数字建造技术应用的顶层设计，造成决策上不够重视或者过于理想化，导致应用成效不足而放弃。

1.5.2 实施不连续

没有形成系统化、集成化、全过程的BIM应用，导致应用成效不足。一些项目在BIM技术的实施中着眼于单阶段（设计阶段或施工阶段）或单专业的应用上，BIM的实施仅解决了项目中的局部或部分问题，没有形成跨阶段、跨专业的延续性应用，导致BIM应用成效不足甚至毫无价值可言。在施工阶段，涉及大量资源要素的管理，需要集成BIM、物联网等信息化、数字化技术才能实现管理要素的全覆盖，总体上集成度不高，导致应用成效不足。此外，“重技术、轻管理”造成工程实施与BIM实施分离，出现“两张皮”现象，实施过程中相互掣肘，导致数字建造效果很难发挥。

1.5.3 标准不落地

配套措施及标准体系的不完善，一定程度上影响了BIM的实施。比如在许多项目的立项文件中还缺少BIM实施专项费用的列支，目前在监管方面还缺乏对BIM模型的审查手段和审查机制。虽然发布了相关的BIM国家标准体系，因为BIM国家标准具有通用性、建议性、原则性的特点，为实际落地应用，仍需要进一步建立适合各行业应用的BIM标准体系，并结合项目的具体情况加以适当调整。

1.5.4 法律不配套

在我国国家、行业相关的法律、行政法规中，对于书面纸质资料，如施工图纸、财务报表、施工方案等有明确且完备的法律保障。而BIM信息作为一种独特的建筑资料，与传统资料的编制与使用过程有很大差别，其特殊性在我国已有法律中并没有得到充分体现，因此实施过程中很难作为诸如项目审批、施工图审查、计量支付、质量验收、竣工交付等业务的法律依据，严重影响了BIM的接受程度，进而制约了基于BIM的数字建造落地和推广。

1.5.5 招采不考量

BIM等工程数字建造技术的实施是一项跨专业、跨学科的系统工程，通过设置合适的招采机制，选择符合数字建造要求的团队是保障数字建造顺利实施的前提。然而，现行工程项目的招采机制与内容尚无法有效评价设计、施工、总承包等单位在数字建造方面的相应能力，相关评分条款、细则、分值设置等方面缺乏系统性与针对性，很难选出符合项目，尤其是大型复杂项目数字建造要求的中标单位。

1.5.6 软硬件环境不匹配

BIM实施相关的软件不下百种，不同的软件在功能、数据共享、易用性、开放程度等方面存在很大的差异，而BIM实施往往需要不同软件及承载这些软件的硬件协同工作，是一个复杂的系统工程。由于目前的研究和应用缺乏BIM软硬件环境构建的方法与案例支撑，导致了BIM软硬件配套的不系统、不全面，导致大量重复性工作，严重影响了数字施工的实施效果。

此外，对智慧工地而言，由于智慧工地建设与一般意义的建设工程项目不同，其覆盖的范围较为广泛，现场建设施工较为复杂。目前大部分建筑企业都没有公司层面分类分级建立智慧工地建设标准，主要依靠项目部独自建设，数据不能归集、分析，形成信息孤岛，显著影响智慧工地的实际效果，且现有智慧工地软件系统应用范围较为狭窄，大部分项目局限于劳务实名制系统、塔吊监测系统、升降机监测系统、围挡喷淋系统，各类系统相对独立，没有进行数据对接，极大地限制了智慧工地软件在现实工地中的应用，难以为现场施工提供个性化的服务，同时以BIM技术为依托的项目信息管理平台，也基本处于起步发展阶段。目前大多数工程项目的智慧工地功能单一，服务性能有限，技术经济效益不明朗，导致其往往表现为"面子"工程，阻碍智慧工地的应用。

1.6 本书主要内容

基于数字建造应用的关键问题，花湖机场在数字建造实施过程中进行了系统的实践探索和经验总结。本书立足花湖机场数字建造实施过程，对BIM、数字化施工等工程数字建造技术的总体策划过程进行总结，基于机场建设行业背景与工程数字建造技术应用的关键问题，对机场数字建造需求、数字建造整体思路、BIM技术标准体系构建、BIM工程计量应用实践、工程数字化软硬件环境构建等数字建造技术在花湖机场项目中的探索与应用进行了经验总结。

本书由四部分构成。第一部分分析数字建造应用问题，第二部分进行花湖机场数字建造需求分析和总体思路归纳，第三部分展开各项专题策划，第四部分总结花湖机场数字建造创新。本书旨在进行花湖机场数字建造策划，以"提出问题—分析问题—解决问题—总结创新"的框架为逻辑展开研究。本书分为8章，整体逻辑框架如图1-5所示。

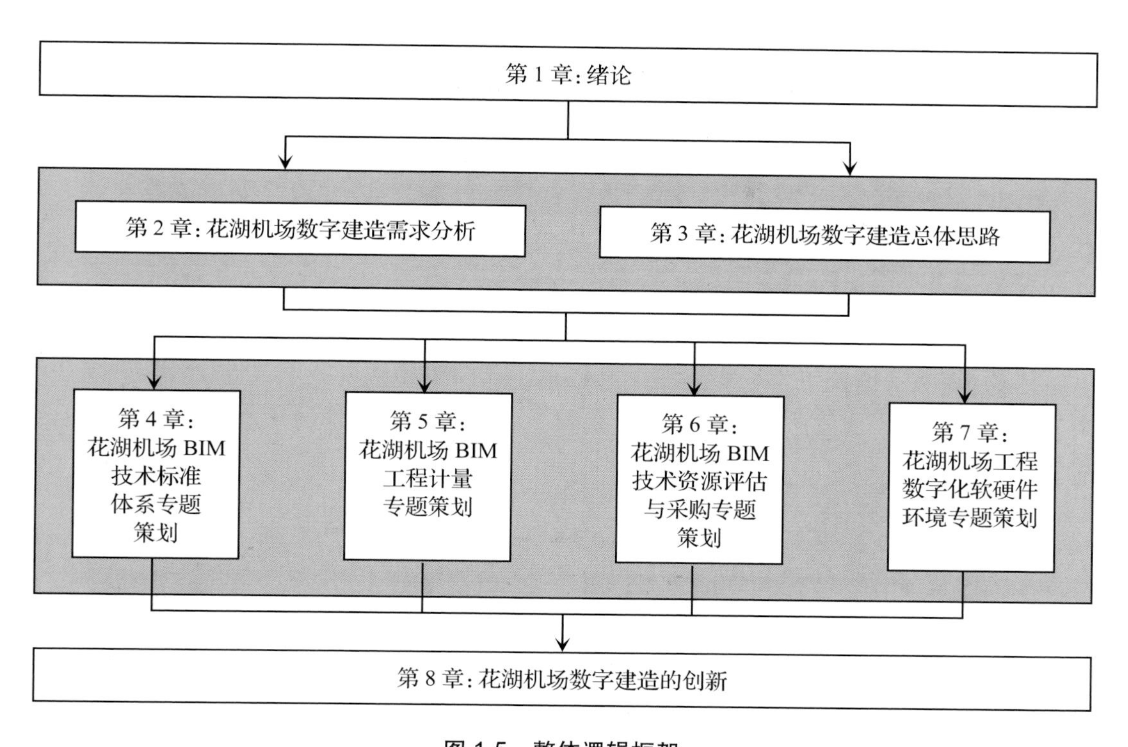
第 1 章：绪论
第 2 章：花湖机场数字建造需求分析
第 3 章：花湖机场数字建造总体思路
第 4 章：花湖机场 BIM 技术标准体系专题策划
第 5 章：花湖机场 BIM 工程计量专题策划
第 6 章：花湖机场 BIM 技术资源评估与采购专题策划
第 7 章：花湖机场工程数字化软硬件环境专题策划
第 8 章：花湖机场数字建造的创新

图 1-5 整体逻辑框架

2 花湖机场数字建造需求分析

花湖机场实施数字建造是落实国家政策的客观需要，也是花湖机场建设国际一流货运机场、提高市场竞争力的需要。本章将基于花湖机场项目背景及概况，对花湖机场实施数字建造的必要性加以阐述，并从建设方全过程项目管理的角度进行数字建造的需求分析。

2.1 项目背景及概况

我国是全球第二大经济体、第一大贸易国和民航第二大国。目前，国家经济发展进入新常态，已全面建成小康社会，经济社会发展处于加快转型升级的关键时期，同时全球范围内区域经济一体化、新一轮产业革命和产业转移浪潮正在兴起，都对航空物流快递业这一支撑经济发展的重要经济底盘提出了新的要求。

2015 年我国的快递业务量跃居世界第一，占快递吞吐量半壁江山的航空快递五年来增长率保持在 50%以上。航空快递的发展促进了航空货运航线布局模式和航空物流运营方式创新。随着主要承运人业务、机队和网络的发展壮大，社会对航空快递枢纽机场和轴辐式运营模式的需求显著增强。

基于国家建设航空货运枢纽的客观需要，花湖机场选址鄂州市鄂城区燕矶镇杜湾村，如图 2-1 所示，距武汉市中心 76 千米，与鄂州、黄石、黄冈等三个城市的直线距离均在 20 千米以内。场址紧邻长江黄金水道，周围环绕 7 大深水港、4 条快速路、2 条高速路、6 条高铁线。1000 千米半径内，1.5 小时飞行圈可覆盖全国 90%的经济总量圈、80%的人口圈和 5 大国家级城市群；300 千米半径内，辐射中部武汉、长沙、南昌、合肥等 40 个城市、1.5 亿人口；100 千米半径内，覆盖武汉、鄂州、黄冈、黄石、咸宁 5 个地区，这 5 个地区占湖北省经济总量的 60%、人口的 40%。

机场外部交通（图 2-2）包含高速公路、铁路、港口，共同形成“铁水公空”多式联运集疏运体系，具备强大的运输能力与通达的外部交通条件。

花湖机场近期按 2030 年预测年旅客吞吐量 150 万人次、货邮吞吐量 330 万吨、飞机起降量 9 万架次进行设计；远期按 2050 年预测年旅客吞吐量 2000 万人次、货邮吞吐量 908 万吨、飞机起降量 27 万架次进行规划。

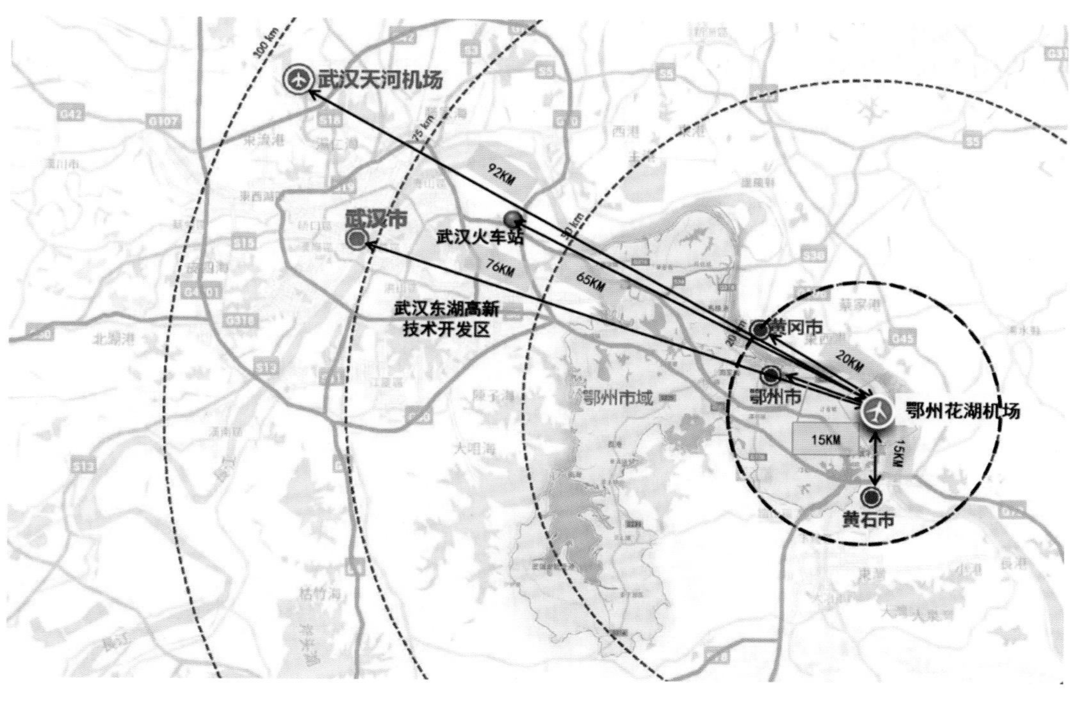

图 2-1 花湖机场地理位置图

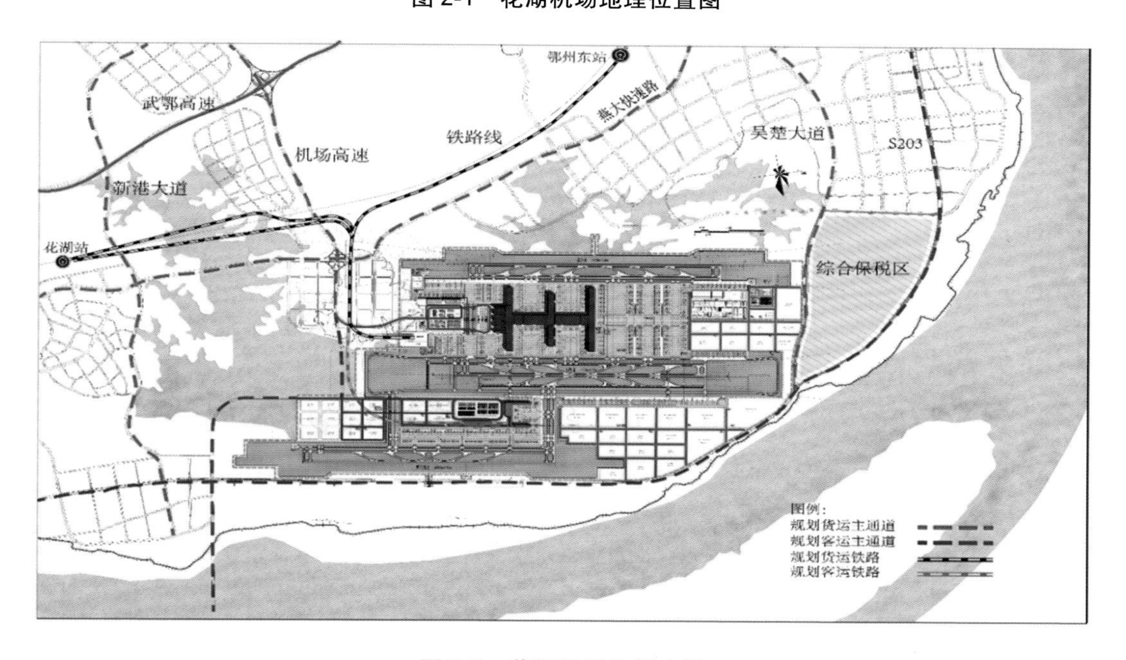

图 2-2 花湖机场外部交通

机场工程本期飞行区等级指标 4E，建设东、西 2 条远距平行跑道及滑行道系统，跑道长 3600 米、宽 45 米，跑道间距 1900 米；建设 1.5 万平方米的航站楼、2.4 万平方米的货运用房、132 个机位的站坪，配套建设空管、消防救援、供水供电等设施。远期将在东跑道东侧按照4E标准建设第三跑道，长3600米、宽45米，道肩宽7.5米，且满足B747-8运行要求。

花湖机场本期占地约1189万平方米，主要包括机场工程、转运中心工程、顺丰航空基地工程和供油工程等单项工程，其中转运中心是整个机场的核心建筑。各单项工程的单体分布如图2-3所示。

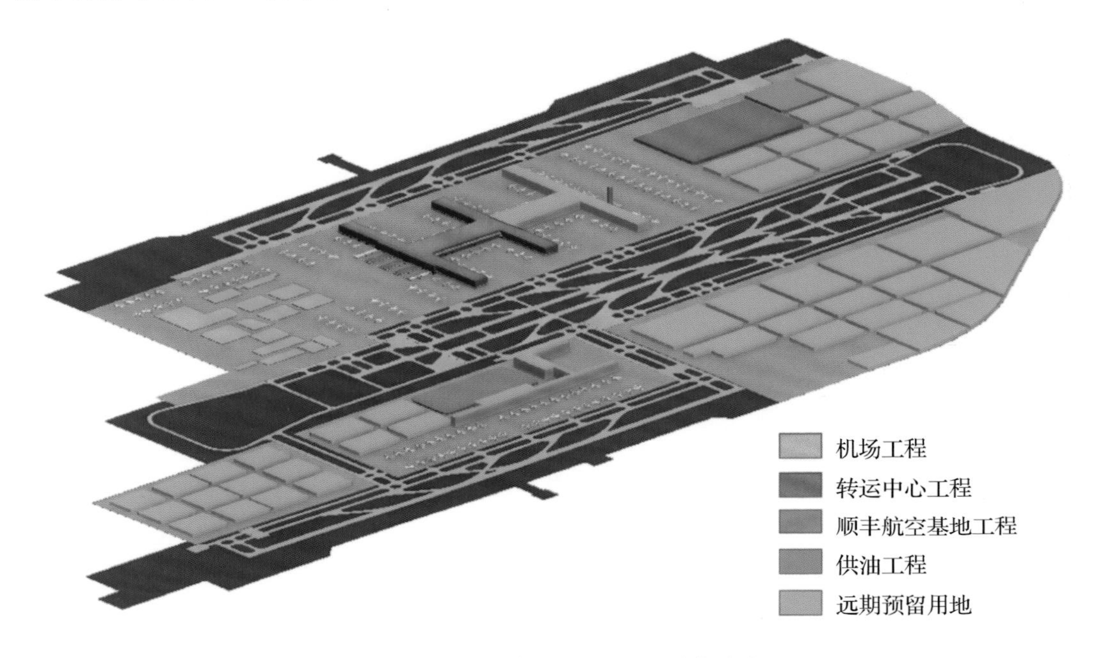

图2-3 花湖机场项目各单项工程单体分布图

2.1.1 机场工程（含空管工程）概况

机场工程共分为11个大项，44个子项工程，总建筑面积约127540平方米。超过10000平方米的单体建筑一共有4个，包括货运区快件中心（20000平方米）、航站区航站楼（15000平方米）、海关办公楼（14000平方米）和机场公安办公楼（12000平方米）。市政公用设施中飞行区道桥工程下穿通道总长约3714米；通信工程共敷设通信管道约299.8千米；供电工程场内10kV供电电缆总长约200千米，380V低压供电电缆总长约40千米；供水工程新建管网约25千米；新建雨水管网约30千米，新建污水管网约20千米，再生水管网12千米；总图工程中新建综合管廊两条总长约6500米，绿化工程面积约542万平方米，飞行区围界长度约48.8千米。特殊建筑包括机场塔台，其中机场塔台总高度为94米（含避雷针），建筑高度89米，总建筑面积约3361平方米。表2-1为机场工程子项工程业态的划分情况。

表 2-1 机场工程(含空管工程)子项工程业态划分表

机场工程(含空管工程)	地基及土石方类	民用类建筑	工业类建筑	特殊建筑	构筑物	场道及市政公用设施
地基处理与土石方工程	●					
飞行区场道工程						●
助航灯光、站坪照明及机务用电工程					●	●
飞行区道桥工程						●
航站楼工程		●				
陆侧道桥、停车场工程		●				●
货运区工程			●			
消防救援工程				●		
生产辅助设施工程		●				
空管工程		●		●	●	
供电工程						●
供水工程						●
雨水、污水、污物处理工程						●
供冷、供热、供气工程						●
机坪塔台工程				●		
总图工程					●	●

机场工程(含空管工程)涵盖地基及土石方、工业类建筑、民用类建筑、特殊建筑、构筑物、场道及市政公用设施等分支。经过综合分析,机场工程(含空管工程)具有如下特点:

①建筑综合体量不大,但具有点多、面广、投资大、建设周期长等特点;

②专业众多,涵盖岩土、建筑、结构、装饰、幕墙、道桥、管廊、机电、灯光、通信、信号、雷达、气象等近三十个专业,专业集成度高,综合协调难度大;

③参建单位及人员众多,参建单位包括前期的各类研究单位、勘察设计单位、咨询单位、各专业施工单位、监理单位、供货商、集成商等,工程协调难度大;

④场内市政公用设施工程系统复杂、管线设备繁多,设备采购安装矛盾突出,协调难度大;

⑤集投资、设计、建设管理、运营维护于一体。

2.1.2 转运中心工程

转运中心工程位于花湖机场东西两条跑道之间南侧区域，本期规划建设67.8万平方米转运中心及分拣转运系统设备等，建设4.1万平方米的海关、安检、顺丰公司办公业务用房及配套设施设备用房，远期转运中心建筑面积增至117万平方米。

转运中心分为主楼、指廊、陆侧三部分，总体呈“王”字形布局。其占地面积为52.11公顷，总建筑面积为719972平方米，属于超大型高层物流建筑，按照功能特性划分，属于作业型物流建筑，耐火等级一级。项目具有如下特点：

①建筑综合体量大、功能多、工艺复杂；

②分拣设备、工艺设计的协调增大了合理性设计的难度；

③作为超大型物流建筑，转运中心的消防设计复杂，容易与转运中心建筑设计发生矛盾；

④转运中心为高层物流建筑，结构跨度大，为满足工艺要求，柱间距通常较大，造成柱截面较大，一定程度上会对净空产生影响，结构设计的技术可行性与经济合理性容易产生矛盾；

⑤转运中心原址位于填湖区，地基及基础处理难度大。

2.1.3 顺丰航空基地工程

顺丰航空基地工程位于花湖机场东西两条跑道之间北侧区域，建设有15.5万平方米的机务维修设施、3.1万平方米的地面及勤务设施、19.8万平方米的综合保障用房等，投资估算37.52亿元，由顺丰集团投资。表2-2为顺丰航空基地子项工程业态的划分情况。

表2-2 顺丰航空基地子项工程业态划分表

序号	顺丰航空基地工程	民用类建筑	工业类建筑	特殊建筑	构筑物	场道及市政公用设施
1	机务维修区工程		●			
2	航线及出勤楼工程	●				
3	生产保障设施工程	●	●			
4	供冷、供热、供气工程					●
5	给水、再生水、污水、雨水及消防工程					●
6	供电工程					●
7	顺丰航空基地信息系统及通信工程					●

顺丰航空基地工程主要以厂房类、民用类、工业类建筑和市政公用设施为主，总建筑面积约40万平方米，涵盖47个子项工程，其中大型、重要建筑包括机库、航材库、货运站以及综合业务用房。根据综合分析，顺丰航空基地工程具有如下特点：

①基地建筑综合体量大、点多、面广、功能复杂。

②重点工程维修机库跨度大、层高高，同时涉及建筑、结构、工艺、机电等多个专业，专业协调难度大。

③机库空间大，常有多架飞机在库内进行维修。各种维修设备器具及工作平台伴有油、气、电等易燃易爆源，对防火、防爆设计要求高。

④参建单位及人员众多，参建单位包括前期的勘察设计、咨询、各专业施工单位、监理单位和供货商、集成商等，工程协调难度大。

2.1.4 供油工程

供油工程包括4万平方米的机库油库、1个5000吨级的码头泊位，以及航空加油站、输油管线等，投资估算7.49亿元，由中国航油投资。

2.1.5 建设意义

花湖机场是国家重要生产力布局基础设施，先后列入国家《交通基础设施重大工程建设三年行动计划》《全国民用机场布局规划》和《四型机场示范项目》。其定位是：货运枢纽、客运支线、公共平台、货航基地。它将成为以货运为主的国际航空货运枢纽，以国际航空货运为主的多式联运中心，全球航空物流的重要节点，中国航空快递连接世界的门户。

花湖机场建成后，将成为继美国UPS世界港、孟菲斯联邦快递总部之后全球又一个超级货运枢纽。从这里出发，旅客托运物一日能达全国，隔日可达世界。花湖机场将成为我国乃至全球航空要素资源的集成中心和配置中心，将成为我国对外开放和对接全球市场的重要平台；它是推动经济结构升级和区域经济发展的加速器，同时也是抢占全球航空物流网络制高点、培育具有国际竞争力的现代航空物流企业的重要支撑。

2.2 数字建造实施的必要性分析

2.2.1 落实国家政策的客观需要

2015年6月，住房城乡建设部发布了《关于推进建筑信息模型应用的指导意见》，在发展目标中明确提出“到2020年末，以下新立项项目勘察设计、施工、运营维护中，集成应用BIM的项目比率达到90%:以国有资金投资为主的大中型建筑;申报绿色建筑的公共建筑和绿色生态示范小区”。其还在重点工作方面明确对建设单位提出“全面推行工程项目全生命周期、各参与方的BIM应用，要求各参建方提供的数据信息具有便于集成、管理、更新、维护以及可快速检索、调用、传输、分析和可视化等特点，实现工程项目投资策划、勘察设计、施工、运营维护各阶段基于BIM标准的信息传递和信息共享，满足工程建设不同阶段对质量管控和工程进度、投资控制的需求”。

自2015年以来，国家连年发布了推动工程数字建造技术应用的政策，积极指导推进行业的升级发展。花湖机场项目属于“国有资金投资+民营资本投资”的大型项目，提出全阶段、全专业、全业务、全参与实施BIM技术是落实国家政策的客观需要，同时也是对国家“十三五”规划提出的“全面提高建筑业信息化水平，着力增强BIM、大数据、智能化、移动通信、云计算、物联网等信息技术集成应用能力”要求的落实和响应。

2.2.2 建设国际一流货运机场、提高市场竞争力的需要

花湖机场项目以打造国际一流的货运枢纽为目标，相比于国际知名货运枢纽，国内货运枢纽建设起步较晚，但是发展速度快、发展潜力巨大。国外许多已投入运营的大型物流枢纽项目由于受到当时的技术条件和其他规划条件的限制，存在一定的规划设计不合理、功能不尽完善等问题。作为一个以货运为主的全新枢纽项目，建成后要实现快递一日达全国、隔日达世界的目标。机场作业方式为夜间货机“群起群降”，高峰时机坪繁忙、作业视线差、时效性要求高、安全性要求高，货运的属性决定了专业货运机场对于智慧化技术的需求更高。因此在规划建设中无法按照常规机场的方式进行打造，在项目规划、建设、运营的全生命周期充分利用BIM、5G、模拟仿真等数字化技术，实现花湖机场项目规划设计合理、建设高标准、运营高效率的目标。通过数字建造技术打造未来机场数字运维的数字底盘，数字建造技术包括基于BIM的数字化设计和数字化施工。花湖机场项目BIM的实施是建设国际一流核心枢纽、提高国际影响力和市场竞争力的需要。

2.3 数字建造的需求分析

工程项目的建设方是推动数字建造的原动力，建设方承担着实现项目目标的重大责任，因此站在建设方角度，数字建造的需求主要是管理需求，即如何利用BIM等数字建造技术实现建设方对项目全过程的精细化管控。

2.3.1 辅助项目前期决策与报批管理的需要

项目决策阶段需要对项目建设投资的必要性、可能性、建设方案先进性和可靠适用

性、盈利能力与偿还能力达标性、经济影响评价合理性、建设和运营风险可控性等关键指标进行科学民主的分析与评价。BIM 等数字建造技术的应用有助于项目前期决策和报批程序的推进。花湖机场项目在前期的“预可研/可研”阶段,需要开展项目建设的必要性、市场分析、资源条件评价、项目建设方案研究等诸多方面的论证和研究,涉及包括空域所属军方主管部门、当地政府、城市规划、交通市政、环保和文物保护、国土资源、地震、供电、水利等相关部门的审批。该阶段可充分发挥 BIM 可视化、模拟性及快速投资估算的优势,利用BIM场地模型、规划方案模型对可研报告中涉及的“建设方案研究”及“投资估算”等内容进行充分的论证,为决策和报批提供重要的参考依据,有利于推进项目的科学决策,缩短决策论证的周期。

2.3.2 辅助设计管理的需要

对项目建设方而言,设计阶段的管理是建设阶段全过程管理的重要组成部分,也是建立预控管理的关键环节。设计管理工作可大致分为设计目标管理和设计过程管理,两大项主要管理内容的简要归纳见表 2-3。

表 2-3 设计目标管理和设计过程管理主要内容

设计管理	具体分项	主要内容
设计目标管理	设计质量管理	①设计质量管理的依据; ②设计质量管理的工作内容; ③设计质量管理的工作方法
	设计进度管理	①设计进度管理的依据; ②设计进度管理的工作内容; ③设计进度管理的工作方法; ④对设计进度产生影响的关键要素分析
	设计投资管理	①设计投资管理的依据; ②设计投资管理的工作内容; ③设计投资管理的工作方法
设计过程管理	方案设计阶段管理	①方案设计阶段管理的依据; ②方案设计阶段管理的工作内容
	初步设计阶段管理	①初步设计阶段管理的主要内容; ②初步设计阶段管理的控制要点
	设计概算编制管理	①设计概算编制的依据; ②设计概算编制的方法; ③设计概算编制的内容; ④设计概算审查的方法; ⑤设计概算审查的内容

续表 2-3

设计管理	具体分项	主要内容
设计过程管理	施工图设计阶段管理	①施工图设计审查的依据； ②施工图设计审查的内容； ③施工图预算的编制； ④施工图预算的审查； ⑤超限项目施工图审查（如果有）
	施工设计阶段管理	①深化设计、设计交底与图纸会审的管理； ②地勘及设计的现场服务管理； ③专项设计及深化设计的管理； ④设计变更的管理

2.3.2.1 辅助设计目标管理的需要

设计目标管理主要包括设计质量管理、设计进度管理和设计投资管理，三者相辅相成，具有很强的关联性。项目全过程的质量、进度、投资在设计阶段是关键性的阶段，建设投资项目实体质量的安全性、可靠性很大程度上取决于设计的质量；设计进度的管理是为了确保工程总体进度目标的实现；设计投资管理是在可研的投资估算基础上，制定科学目标，由投资估算转变为设计概算、施工图预算，由工程量清单转变为施工合同造价，最终转变为建设项目实体，因此设计投资管理是整个项目承前启后的关键环节。

机场项目规模大、业态多、专业多，各单项工程和子项工程设计参与方众多，传统的二维设计极有可能出现设计质量低的问题，造成施工阶段大量的设计变更。对建设方而言，如何做好设计管理，按期实现设计目标管理将会是一项巨大的挑战，单是设计交付成果的验收与校审将会是一项庞大的工程。而 BIM 等工程数字建造技术的可视化、协调性、模拟性、优化性以及可出图性等优势，可充分应用于设计的目标管理中。BIM 在众多复杂、巨量项目的工程实践中，已经充分证明了其对设计管理的重大价值，BIM在设计阶段的合理化应用将大大提高设计质量、大幅降低施工阶段的设计变更。同时若利用 BIM 进行“正向实施”，将改变传统设计的作业模式，对设计进度管理和设计投资管理产生重大的积极影响。因此，BIM 的实施对于推动设计目标管理的实现是完全必要和可行的。

2.3.2.2 辅助设计过程管理的需要

建设方对设计的过程管理主要包括方案设计阶段、初步设计及设计概算编制阶段、施工图设计阶段、施工设计（过程）阶段四个阶段的管理，各阶段的管理内容主要包括工作依据、工作内容和控制要点等。

（1）方案设计阶段

本阶段设计关联方的主要工作内容是对建设项目和建筑区进行总体策划，展开建筑设计（包括建筑理念、艺术效果、造型风格、功能布局、整体规划）和区域布置，确定建筑、人防、园林绿化、交通道路、消防等方案设计，包括功能分析、工艺分析、建筑模型和经济技术参数等。本阶段的设计过程管理除了对设计关联方提供的成果进行审查、优化设计方案和技术经济指标的审核外，还包括到规划部门及其他行政主管部门申请报批、获得审批文件。

本阶段按照传统的设计方法，由设计关联方交付的二维设计图纸和效果图，由于缺乏直观的效果，设计难免出现遗漏和差错，有些差错到施工阶段才能被发现，造成了不必要的返工和浪费。更为严重的是，还有些差错甚至在运营期间才被发现，给项目实施埋下极大的隐患。

在方案设计阶段实施 BIM 的主要目的是要对方案进行全方位的可行性对比论证，提前消除方案设计中存在的缺陷，为取得最优的方案设计提供辅助决策。此阶段“正向实施”BIM的设计方式将改变传统的设计工作流程，而相应的二维方案图纸可通过BIM模型自动生成，便于快速调整和修改，将设计师更多的精力专注于设计创意，这样在方案的设计质量和设计效率方面均有明显的提升。通过设计模型以及利用模型开展的建筑性能分析，能够为方案比选和优化提供量化依据，在验证方案的合理性和准确性的同时，能让非建筑专业人员“看懂”设计，降低沟通的成本，从而加速项目推进。

（2）初步设计及设计概算编制阶段

在方案设计通过建设方及规划部门的审批取得规划设计方案的复函后，即可开展初步设计。初步设计的目的是论证拟建项目的技术可行性和经济合理性，设计关联方提供的初步设计文件应满足国家《建筑工程设计文件编制深度规定》（或其他规定）的要求并提供相应的设计概算，便于建设方控制投资。

本阶段建设方的设计管理工作主要包括：确定总体设计原则；确定项目的设计功能和标准；确定项目总投资概算；根据前一阶段的方案设计，深层次地确定工艺流程与设备选型配套、生产运行方式与总图运输、系统设施与配套工程、建筑物形式与结构体系设计方案、结构布置、主要规格、尺寸与标准、节能环保措施等。本阶段应用 BIM 技术进行“正向实施”，将使施工图设计阶段的大量工作前移到初步设计阶段，特别是机电专业，与传统的设计模式相比，工作流程和数据流转方面会有明显的改变。从数据流转的角度看，实现了各专业间随时的数据流转与交换，BIM模型和二维图纸将作为阶段交付物同时交付，供施工图阶段使用；从工作效果的角度看，模型与图纸准确一致，减少了错、漏、碰、缺等问题，为施工图阶段提供更准确的设计基础，BIM在该阶段的应用优势主要体现在：

①基于BIM技术的设计方式能够直观、全面地表达建筑构件的空间关系，能够真正实现专业内及专业间的综合协调，具有良好的数据关联性。因此，能够大幅度提高设计

质量，减小设计错误发生的概率。同时极大地提升建设方设计过程管理的效率，对设计质量目标的实现也奠定了良好的基础。

②BIM模型中包含了丰富的几何和非几何信息，结合建筑性能分析手段，为设计优化提供了技术手段和量化依据，为建设方在本阶段的设计过程管理提供便捷的手段，加快了审查和决策的进程。

③利用BIM模型可以快速计算工程量的优势，可以缩短本阶段设计概算的编制周期，提高设计概算的准确度，为建设方在该阶段的设计概算审查和控制提供了必要的手段。

(3)施工图设计阶段

该阶段是建筑设计的最后阶段，该阶段主要解决施工中的技术措施、工艺、做法、用料等，要为土建施工、机电安装、工程预算等提供完整的图纸依据。施工图设计须满足《建筑工程设计文件编制深度规定》，建设方在本阶段的过程管理重点包括施工图设计文件的审查、施工图预算的编制和审查。

在应用BIM技术进行“正向实施”后，很多原来需要在传统施工图阶段完成的设计工作都已经前置到了初步设计阶段，因此本阶段的设计工作量已经大幅降低。该阶段如果软件条件允许可快速生成施工图，即使软件无法利用模型自动出图，基于模型进行施工图的绘制也会大大提高该阶段的效率。从数据流转的角度看，实现了各专业间随时的数据流转与交换，BIM模型和二维图纸将作为阶段交付物同时交付，供施工阶段使用。从工作效果的角度看，模型与图纸准确一致，减少了错、漏、碰、缺等现象，可大幅提升施工图的质量，为后续的施工提供了准确的图纸依据。同时利用模型可快速辅助完成施工图预算的编制，准确、客观地为建设方提供精准的施工图预算，有利于节省投资，提高建设项目的投资效益。

在项目的施工阶段，建设方设计过程管理的工作重点包括设计交底与图纸会审、工程设计的现场服务、专项设计及深化设计、设计变更管理等主要内容。

(4)施工设计(过程)阶段

①施工深化设计

施工深化设计是施工单位根据施工图设计成果和具体施工工艺特点对施工图设计模型进行补充、细化、拆分和优化等，并对施工图设计模型的未建模部分、精度深度不够部分进行处理，形成深化设计模型，深化设计内容涵盖所有专业。施工深化设计阶段，施工单位需要在充分读懂设计文件、图纸及模型的基础上，结合施工工艺，创建深化设计模型，从而发现并完善设计深度不够、设计错误的内容；此外，建模过程实际上也是虚拟施工的过程，通过深化设计，施工单位可以对不同施工方案进行初步推敲、验证、比选与优化，从而提前发现并解决建造过程中的问题，保证施工阶段高效、有序进行。

②设计交底与图纸会审

设计交底与图纸会审是确保工程质量而组织开工的前置条件，也是保证工程顺利施工的主要步骤，通过设计交底和图纸会审可使施工人员充分领会设计意图，熟悉设计内容，正确按图施工，同时可再次对施工图进行一次全面的会审，在开工前把图纸中存在的隐患和问题消除。若在设计阶段应用了BIM技术，交底成果会增加BIM模型，利用模型和图纸开展设计交底和图纸会审会大幅提高效率，相当于开工前对施工方的一次全面培训，借助BIM模型的可视化特点，让施工人员充分理解设计文件，增强对工程的重点、难点的认识和理解，有助于其掌握关键工程部位的质量要求，确保工程质量。

③专项设计

专项设计是对原设计图纸不能反映的一些特殊要求、专业要求、工艺要求而需要进行的专业化设计，如工业建筑工艺流程、幕墙、精装等。深化设计是针对建设规模相对较大、技术含量强、各专业关系复杂、原设计图纸已表达但还不能完全满足施工需要的工程项目而进行的后续设计，如民用建筑的钢结构深化设计、弱电系统深化设计、专业性较强的工艺深化设计等。若在设计阶段应用BIM技术，施工图阶段交付的BIM模型及图纸可以作为专项设计和深化设计的基础条件，专项设计和深化设计团队可充分利用该基础条件进行各自的后续设计，由于BIM模型能够实现信息的共享与流转，可大幅降低专项设计和深化设计的难度，缩短设计周期，在建设方的设计过程管理、专项设计和深化设计质量管理方面发挥重要作用。

④设计变更

设计变更包括设计过程中的设计条件变更，以及设计产品输出时，由于设计不当、设计改进、设备供货改变引起的变更，法规及规范的变更，设计接口条件变更，现场施工条件变化等。设计变更通常会影响到建设投资和工程进度，也是建设方管理的重点和难点，如果在设计阶段采用BIM技术进行"正向实施"，虽然很大程度上消除了设计变更，但由于各种客观因素的存在，也不可能完全避免设计变更。若设计变更发生时，建设方可充分利用BIM模型对设计变更的条件和措施进行充分的审查，确保设计变更的真实性，精准控制由于设计变更产生的变更工程量。因此，BIM的实施不仅可大幅提升设计变更审核的效率，同时能够有效控制建设投资成本。

2.3.3 辅助招标管理的需要

招标管理对象主要包括但不限于工程总承包的招标、设备供应商的招标等，招投标阶段介于设计阶段和施工阶段之间，目标是为了通过招投标方式确定一家综合最优的承包单位来完成项目的施工。

传统的招投标过程存在许多问题。首先，招投标中普遍存在信息孤岛现象，建设方的需求和目标难以公平有效地传递给投标单位；其次，对于工程量计算，招投标双方都要进行长时间复杂的计算，时间长且不准确，影响了招投标的进度，甲乙双方对于工程量的计算偏差以及后期签证的争议都将增加双方的风险；最后，在现有的招投标环境中，难以全面、系统地展示企业的施工水平。而BIM的应用可充分解决上述三个主要问题：

（1）建设方在招标开始前可充分利用BIM模型，对施工过程进行初步的模拟演练，把对工程的设想与需求落实到招标文件中，提高招标文件的准确度，待招标开始时，有效地传达给投标方。

（2）建设方在招标之前的另外一项重要工作就是通过工程量计算确定招标控制价。传统的计算方式，造价师容易因为主观原因造成计算失误，错误率较高，且计算过程烦琐。BIM为招标人员和造价师提供了重要的辅助手段，结合相关造价数据库，利用BIM模型快速准确地编制一套工程量清单明细，确保清单完整性、精确性，减少漏项和错算等情况，最大限度减少工程量引发的后期施工纠纷。而对于投标方而言，通过BIM模型能够更为快速获取相应的工程量信息，有效制订相应的招标策略计划。综合而言，BIM可视化、自动化使工程量计算保持高效率，招投标工作的重心逐渐转向了风险评估等方面，确保招标工作的完整性。

（3）由于建设项目大都工期紧张，建设内容复杂，利用BIM对施工过程的模拟，可以对预设工期进行校验，获得合理的施工周期。招标过程中要求投标方结合基于BIM的施工工程模拟，进行投标方案的可视化展示，按照工程进度安排进行施工安装和过程的模拟、优化，将投标计划直观、形象展现给建设方。对建设方而言，更容易评估投标方案的可行性，更容易识别和招到合格承包商。

对机场项目而言，庞大的工程建设体量将会有众多的项目参建方参与建设，对各参建方的招标将会是一项繁重的工作，发挥基于BIM技术的招标优势，可以大幅提升招标管理的效率，缩短招标周期，进而缩短整个项目工期。

2.3.4 辅助合同管理的需要

建设方项目管理的一项重要内容就是合同管理，这里提到的合同管理包括但不限于建设方与工程承包方签订的合同管理，分为招标阶段的合同管理和实施阶段的合同管理。

2.3.4.1 招标阶段的合同管理

在项目管理的过程中，招标前期首要任务是合同的总体策划，针对管理项目的行业特点，通过合同分解项目目标，落实承包方式与承包商，并实施对项目的扁平化管理。合同总体策划与招标策划密切相关。机场项目需要招标的关联方、供应商非常多，因此招标前的合同策划管理工作量繁重。本阶段可以结合招标策划与管理，利用BIM模型的快速工程量计算和对施工过程的模拟，为确定建设方对项目目标（投资目标、进度目标、质量目标等）的要求提供合同策划依据。

2.3.4.2 实施阶段的合同管理

对于实施阶段的合同管理，项目合同的管理方往往更重视合同的签订，而忽视对于纠正实际情况与合同文件的偏差这一重要的过程管理行为，BIM等数字化技术的应用，能够有效地辅助建设方监督和追踪合同执行情况，实现对合同的动态管理。

BIM技术可以通过施工流程模拟、动态信息统计、工程量的快速计算等优势，提高合同动态管理的可预测性，使每个阶段要做什么、工程量是多少、下一阶段做什么、每一阶段的工作顺序是什么，都变得显而易见，增强建设方对合同管理的掌控能力。

BIM通过提供符合工程实际发生的工程量，可以进行准确的成本预测，实现对项目成本的动态监控，让建设方实时掌握合同成本控制情况，同时也大大提高阶段性工程支付（或结算）的效率。

实施阶段的合同管理过程会产生大量信息，这些信息是合同责任、合同纠纷的处理依据。BIM模型存储着整个项目全生命周期内所有设备、构件、参与者相关工作的详细信息，可以对施工质量进行严格的控制，跟踪产品的使用是否符合设计要求，明确项目参与人员的工作范围与工作责任，能够有效地减少索赔或为反索赔提供依据。

2.3.5 辅助施工管理的需要

施工阶段是通过招标选择的施工承包商按照设计施工图实施投入、产出建设工程项目实体，实现投资决策意图的阶段，同时也是项目建造过程中工程量最大、投入资源最多、工程管理难度最大的阶段。如何有效地对施工阶段进行管理成为建设方项目管理中一项极为重要的工作，施工管理主要包括施工阶段的投资管理、进度管理和质量管理等。

2.3.5.1 施工阶段投资管理的需要

施工阶段建设方的投资管理实质上是对已经批复的初设阶段编制的“设计概算”、招标阶段编制的“施工图预算”（即“控制价”）以及发包人与承包人签订合同所形成的“合同价”三者之间的管理。BIM在该阶段投资管理中发挥的作用主要体现在：

①利用BIM对工程全过程的模拟和快速工程量计算为编制资金使用计划、投入资金偏差分析与控制提供决策依据，提高决策效率；

②利用BIM对项目施工中核量、核价、费用支付审核提供决策依据，提高审核效率；

③利用BIM对施工中发生的工程变更进行快速核算，为施工投资管理提供决策依

据，提高审核与决策效率。

2.3.5.2 施工阶段进度管理的需要

建设方对施工阶段的进度管理主要体现在控制性进度计划及作业性进度计划的编制、实施、检查和调整。

在传统进度管理模式中，基本都是依靠个人经验来管理，很多都是估算或者是模棱两可的管理模式，导致进度计划的编制准确度较低，可实施性差，对进度计划的检查和调整不能形成快速响应。

建设方在施工阶段的进度管理关系到整个工程的完成时间、成本、资金投入等方方面面的问题，甚至关系到法律上的风险问题，传统的进度管理模式显然已经不适合大型化、复杂化的项目。而BIM等数字化技术在进度管理方面的创新应用将极大改善传统的管理方式，提高进度管理的效率，同时也是体现BIM投资回报率的重要途径。

BIM模型可以与进度有关的各类数据形成关联关系，通过对施工过程构件信息级的精准模拟，为编制合理化的进度计划提供重要的技术支撑，以此为基础可以对施工单位提供的施工进度计划进行审核，确认其合理性；同时也可以对施工进度进行实时动态的管理，根据现实中的施工进度与BIM模拟过程做对比分析，寻找两者之间的不同点，做出及时调整；还可以通过信息之间的关联演示，在施工阶段开始之前与建设方和供货商进行沟通，让其了解项目的相关计划，从而保证施工过程中资金和材料的充分供应，避免因为资金和材料的不到位对施工进度产生影响。

2.3.5.3 施工阶段质量管理的需要

工程质量问题频发是当前工程界普遍存在的问题，由于其影响因素多、波动大、变异大、隐蔽性以及终检局限大等特点，造成了工程质量管理中的盲区。建设方的项目管理团队作为整个工程质量管理的核心，担负着质量管理和控制的重要职责，其对工程质量管理的水平高低直接影响着整个项目最终使用功能能否达标。传统的质量管理体系相对比较完善，但是工程实践表明，由于受实际条件和操作工具的限制，质量管理方法只能得到部分实施，甚至得不到实施，很大程度上影响了工程项目质量管理的工作效率，造成工程项目的质量目标最终不能完全实现。BIM在项目全过程的应用为传统的项目质量管理提供了重要的保障，也是促进质量管理体系在工程实践中落地的重要支撑技术。

BIM在前期设计阶段的应用，能够为施工阶段的质量管理奠定基础，设计单位可以充分利用BIM模型，结合质量管理目标对施工单位、监理单位进行设计交底和培训，让施工单位和监理单位充分理解设计意图、施工过程的重难点，为后期的动态质量管理提供支持。

在施工过程中，施工单位可以把BIM模型和施工质量的参考标准体系关联起来，作为施工指导和评判施工质量的依据，通过BIM的软件平台动态模拟施工技术流程，由各方专业工程师合作建立标准化工艺流程，保证专项施工技术在实施过程中细节上的可靠性；再由施工人员按照仿真施工流程施工，确保施工技术信息的传递不会出现偏差，避免实际做法和计划做法不一样的情况出现，减少不可预见情况的发生，BIM的应用将会大大提高质量管理的实操性。

BIM模型储存了大量的建筑构件、设备信息，通过软件平台，从物料采购部、管理层到施工人员个体可快速查找所需的材料及构配件信息，规格、材质、尺寸要求等一目了然，并可根据BIM设计模型，跟踪现场使用产品是否符合设计要求，通过先进测量技术及工具的帮助，可对现场施工作业产品进行追踪、记录、分析，掌握现场施工的不确定因素，避免不良后果的出现，监控施工质量。

2.3.6 辅助竣工验收及竣工结算的需要

在工程施工完成后进入最后的竣工验收阶段，该阶段主要包括验收、结算的审查、竣工资料的管理以及保修期的管理工作，是全面检验工程建设项目是否符合设计要求、是否符合施工质量验收标准的重要环节。传统的竣工验收及结算模式，主要依据的是各种图纸及相关的工程文档构成的竣工资料，由于图纸与各种工程文档的关联性较差，造成大量“信息孤岛”的存在；同时，传统的工程资料信息交流方式人为重复工作量大、效率低下、信息流失严重，这些问题给竣工验收和结算审批管理带来很大的困难。BIM的应用为解决传统竣工阶段的验收和结算审批等管理问题提供了重要的技术手段。

（1）辅助竣工验收管理的需要。利用BIM对信息集成和共享的优势，可以对竣工模型、图纸、验收标准及规范、其他工程竣工资料实现有效关联（可通过平台实现），能够快速为各验收关联单位提供各自所需的验收资料，开展对工程的竣工验收工作，极大地提升竣工验收管理的效率。

（2）辅助竣工结算审批的需要。工程竣工结算作为建设项目工程总价的最终体现，是工程造价控制的最后环节，并直接关系到建设单位和施工企业的切身利益，因此竣工结算的审核尤为重要。但竣工结算作为一种事后控制，更多的是对已有竣工结算资料、已竣工验收工程实体等事实结果在价格上的客观体现。

竣工结算资料的完整性和准确性直接影响工程竣工结算的高效性及精确性。对于规模大、周期长的复杂项目，期间极有可能发生各类工程变更、现场签证以及相关法律法规政策变化等问题，由此产生的工程资料体量巨大，并且大多以纸质资料保管，直接造成竣工结算期间资料收集整理工作烦琐；同时，由于建筑业从业人员流动性较大，人员工作交接中往往发生工程资料信息的错乱、流失等情况，严重降低竣工结算工作的效率。建立基于 BIM 技术的竣工结算方式,把 BIM 模型(包括但不限于 BIM 竣工模型)与工程期间发生的各种变更、签证、工期、价格、合同等资料关联到统一的平台中,供项目各参建方及时地调用和共享,使从业人员把工程资料的管理工作融合于项目过程管理中,实时更新数据。基于 BIM 技术的工程结算审查获益于工程实施过程中的有效数据累计,在竣工结算时,审查人员可以快速通过平台获取相关的工程资料,极大缩短审查前期准备工作的时间,提高竣工结算审核的准确性与效率。

(3)对于建设规模巨大的机场项目而言,建成后各单项及子项工程的竣工验收和结算审批管理是一项非常繁重的工作。若充分发挥 BIM 在该阶段的优势,势必会极大地提升竣工验收和结算审批管理工作的效率,缩短竣工验收和结算审批的时间,为机场项目的投入运营节约宝贵的时间。

3 花湖机场数字建造总体思路

数字建造是打造"平安、绿色、智慧、人文"四型机场的基石。花湖机场数字建造实施为行业提供方法论借鉴和实践指导,形成数字机场建设的"道法术器"。

为此,基于花湖机场数字建造总体思路,本章从宏观角度对花湖机场数字建造进行了整体策划。在明确了机场数字建造"12345"总方针的基础上,对BIM实施和数字化施工管理工作内容进行了细致规划,并对BIM实施成本、风险管理策略、预期经济效益分析方法进行了研究与论证,从而为数字建造实施确定了一套清晰可行的总体策略。

然而,BIM技术标准、BIM工程计量、技术资源评估、软硬件评估中存在的问题一直影响国内外BIM实施的效果,后续章节将分别针对这些问题制定满足花湖机场数字建造要求的专题策划方案。

3.1 数字建造实施总方针

通过对机场工程BIM实施的必要性和需求分析,花湖机场数字建造提出了"12345"总方针:一个信息中心、两条工作主线、三大总体目标、四项总体要求和五项基本原则。

3.1.1 一个信息中心

花湖机场设计、施工、竣工验收全过程以BIM模型为信息中心,建造过程中各项业务活动均以BIM数据为基础。例如,施工实施过程的施工图以直接由BIM模型导出的白图为准,工程款的支付也以模型出量为依据。通过将BIM模型作为统一的信息中心,一方面可以保证建造过程中信息的统一、稳定、可追溯,提高信息传递与使用的效率和安全性,另一方面可以直接将各参与方的利益与BIM模型绑定,从而促使其主动使用BIM,并注重建模的质量与速度,为提升BIM模型质量,进而推进基于BIM的精细化项目管理创造条件。

3.1.2 两条工作主线

数字建造内容非常宽泛,要实现面面俱到不可能也没必要,为此,花湖机场选择BIM正向实施与数字化施工管理两条工作主线作为数字建造的工作主线。其中BIM实施从方案阶段一直延伸到竣工阶段，旨在一方面构建一个统一的信息中心，另一方面在虚拟空间中，以模拟、分析、可视化等手段实现项目进度、成本、质量安全的管控；数字化施工管理以智慧工地和数字化监控两方面内容构成，旨在施工实施阶段的物理空间，采用物联网技术、测绘技术、大数据分析技术等对施工现场人员、机械、材料、施工过程、现场环境等进行实时管控。通过 BIM+数字化施工管控系统的结合，花湖机场建造过程实现了虚拟空间和物理空间的闭环拉通，帮助项目管理层实时掌握整个项目情况，为项目管理赋能。

3.1.3 三大总体目标

(1)实现建设阶段项目的数字化交付，为建设“平安机场、绿色机场、智慧机场、人文机场”奠定基础。

(2)充分发挥数字建造在项目全过程管理中的价值，实现建设方对项目全过程的精细化管控。

(3)实现项目成为国内全过程 BIM 正向实施的成功典范，树立 BIM 应用行业标杆。

3.1.4 四项总体要求

(1)全阶段：数字建造包括前期规划阶段、设计阶段、施工阶段及运维阶段。

(2)全专业：数字建造涵盖岩土工程、建筑工程、市政工程、机场工程等全部专业。

(3)全业务：数字建造覆盖设计管理、施工管理、造价管理、合同管理等所有业务范围。

(4)全参与：数字建造覆盖包括建设单位、BIM 咨询单位、设计单位、造价咨询单位、施工单位、监理单位等所有参与方。

3.1.5 五项基本原则

(1)规范性原则：数字建造在前期规划、设计阶段、施工阶段及运维阶段都采用统一的模型构件要求和规则。

(2)法理性原则：数字建造相关内容符合行业法律法规及标准规范的要求。

(3)标准化原则：数字建造中，BIM 实施全阶段都采用标准化项目样板、标准化文件样式，各单项工程采用权威的技术标准等。

(4)实用性原则：数字建造中，BIM、智慧工地中采用的各项技术必须切实辅助项目的精细化管理。

(5)经济性原则：BIM 实施中对成本和消耗进行模拟，优化项目资源的分配；数字工地采用的各项技术与管理平台必须经过费用效益论证，保证最优性价比。

3.2 BIM 实施总体工作内容规划

作为花湖机场工作主线之一，BIM 实施总体工作需要在项目开始之前制定详细的工作规划。BIM 实施的总体工作内容规划通过以所有参建方为角色横轴、以工程进行阶段为时间竖轴对 BIM 的实施行为进行工作流程及界面的规定来实现。其中 BIM 实施参建方包括建设单位、咨询单位、施工单位、监理单位、设计单位、造价单位、设备供应商、运维单位等。BIM 实施阶段包括方案招采阶段、方案设计阶段、设计招采阶段、初步设计阶段、施工图设计阶段、施工招采阶段、施工阶段及竣工阶段。在项目前期需要制定 BIM 实施总体工作规划，根据总体规划进一步落实为 BIM 实施细则，主要任务包括以下几部分：

3.2.1 方案招采阶段 BIM 实施工作内容

（1）对潜在 BIM 实施参建方的能力进行评估。

（2）制定招标文件 BIM 技术需求，并对投标人 BIM 技术部分进行评标。

（3）依据审核评标结果对 BIM 合同进行合同清标，然后确认清标成果。

3.2.2 准备阶段 BIM 实施工作内容

3.2.2.1 BIM 技术应用需求分析

确定 BIM 应用点，应首先确定 BIM 应用的目标，以此明确 BIM 应用为项目带来的潜在价值；其次，综合考虑各项工程及其各阶段、各专业的特点、BIM 应用的潜在价值、需要的团队能力等，设置各项工程的 BIM 应用点，并依据 BIM 应用目标给出应用点的优先级。以花湖机场工程为例，根据机场工程的特点，BIM 应用目标的设置为：

①实现建设过程中多专业协调一致，确保机场各单项建筑功能的实现；

②有效协调项目各参建方，实现对项目建设过程的高效管理。

基于 BIM 应用目标设置相应的应用点：碰撞检查和管线综合、净空优化、精装设计协调、设计方案比选、客流仿真分析、行李系统模拟分析、标识系统可视化分析、交通分析。按照优先级由高到低对 BIM 应用目标和应用点的详细介绍见表 3-1。

其他各单项工程根据业态的不同，设置相应的应用目标和应用点。按照优先级来推进 BIM 的应用，实现 BIM 应用的合理化。

表 3-1　花湖机场项目机场工程 BIM 应用目标和应用点

优先级	BIM 应用目标	BIM 应用点
高	提高各专业间的沟通效率	精装设计协调、碰撞检查和管线综合、净空优化
高	减少设计错误，提高设计质量	碰撞检查和管线综合、净空优化、水力计算校核、设计方案比选、明细表应用
高	快速计算工程量，提高成本管理效率	设计概算工程量计算、施工图预算与招投标清单工程量计算
高	准确传达设计和深化意图，提高沟通和现场处理效率，满足施工快速识图和按图施工要求	三维模型设计交底、模型切图、三维节点显示、移动端模型审阅处理
高	提高施工效率，减少返工和工程频繁变更	砌筑深化、钢结构深化、机电管线深化、幕墙深化、施工场地规划、构件预制加工管理、防雷接地深化、土方开挖分析
高	增加工程投资的透明度，追踪施工进度	施工过程造价管理工程量计算
高	提高工程质量，保证施工安全	质量与安全管理、施工方案模拟
高	有效控制项目施工成本	设备与材料管理、施工过程造价管理工程量计算
中	提高绿色建筑性能和绿色建筑评级	建筑性能分析
中	优化设计方案，提高设计合理性	场地分析、排水分析、交通分析、形体分析、雨水系统分析
中	提高建筑性能，确保保障和附属设施的功能性，实现机场运行的安全、舒适、绿色	建筑性能分析、幕墙设计应用、火灾模拟与人员疏散分析、客流仿真分析、行李系统模拟分析、标识系统可视化分析、交通分析
中	提高施工工序安排的合理性，审核建造过程	施工方案模拟、4D 施工模拟
中	提高工程信息表达效果和传递效率	竣工模拟验收
低	提高规范验证和方案评审效率	虚拟仿真漫游

3.2.2.2　BIM 管理应用

(1)参建单位(设计、施工、监理、其他第三支持服务方等)签署合同进场后，实施工程行为之前，需要组织各方共同梳理、解读其各自合同文件，再次明确各方在项目实施期间的角色、责任和协同关系。

(2)对各工程的参建单位进行“BIM 实施细则”交底、会商和修订，形成一个 BIM 参建方协同实施 BIM 的指导性、约束性的工作文件，并在“BIM 实施细则”的基础上，生成“BIM 实施计划”。

(3)搭建BIM实施协同管理平台，并对各BIM实施参建单位进行培训和技术交底。

3.2.3　设计招采阶段 BIM 实施工作内容

(1)对潜在 BIM 实施参建单位的能力进行评估。

(2)制定招标文件 BIM 技术需求，并对投标人 BIM 技术部分进行评标。

(3)依据审核评标结果组织监理单位、设计单位、主供应商、造价咨询单位对BIM合同进行合同清标,然后确认清标成果。

3.2.4 初步设计阶段BIM实施工作内容

(1)向各BIM实施参建单位进行初步设计阶段的"BIM实施细则"交底,重点包括但不限于本阶段建模设计成果(初步设计模型)、模型应用点和专业初步设计模型、多专业初步设计模型的整合、BIM综合模型的审核、整个方案设计阶段的BIM实施关联方协同流程以及整个初步设计阶段的过程成果信息管理、归档和配置(版本)控制等。

(2)监督各BIM实施参建方对初步设计阶段"BIM实施细则"的执行情况,及时发现、纠正行为失范和技术性错误,并提出咨询监督工作报告。

(3)审查本阶段模型成果的完整性、标准性、模型精度合规性、应用分析报告的合理性,并提出审查工作报告。

(4)依据本阶段"BIM实施细则"中的相关要求,对本阶段设计模型进行多专业BIM模型综合会审,并进行确认会签且提交会签文件。

(5)根据本阶段"BIM实施细则"的要求,对经审查评估确认后的成果进行永久性安全保存,并对其进行发布管理和配置管理。

3.2.5 施工图设计阶段BIM实施工作内容

(1)各BIM实施参建单位进行施工图设计阶段的"BIM实施细则"交底,重点包括但不限于本阶段建模设计成果(施工图设计模型)、模型应用点和专业施工图设计模型、多专业施工图设计模型的整合、BIM综合模型的审核、整个方案设计阶段的BIM实施关联方协同流程,以及整个施工图设计阶段的过程成果信息管理、归档和配置(版本)控制等。

(2)监督各BIM实施参建单位对施工图设计阶段"BIM实施细则"的执行情况,及时发现、纠正行为失范和技术性错误,并提出咨询监督工作报告。

(3)审查本阶段模型成果的完整性、标准性、模型精度合规性、应用分析报告的合理性,并提出审查工作报告。

(4)依据本阶段"BIM实施细则"中的相关要求,对本阶段设计模型进行多专业BIM模型综合会审,并进行确认会签且提交会签文件。

(5)根据本阶段"BIM实施细则"的要求,对经审查评估确认后的成果进行永久性安全保存,并对其进行发布管理和配置管理。

3.2.6 施工招采阶段BIM实施工作内容

(1)对潜在BIM实施参建单位的能力进行评估。

（2）制定关联方BIM招标技术需求，结合设计单位和施工单位的施工图设计阶段深化意见，对关联单位BIM部分技术进行评标。

（3）依据审核评标结果组织监理单位和设计单位对BIM合同进行合同清标，然后确认清标成果，并编制BIM辅助招标工程量清单。

（4）形成BIM咨询方的BIM合同清标以及施工方和运维方的BIM合同清标，由BIM实施甲方确认清标成果。

3.2.7 施工阶段BIM实施工作内容

（1）向各BIM实施参建单位进行施工阶段的“BIM实施细则”交底，重点包括但不限于本阶段建模设计成果（施工图深化模型）、模型应用点和专业施工图设计深化模型、多专业施工图设计深化模型的整合、BIM综合模型的审核、整个方案设计阶段的BIM实施关联方协同流程，以及整个施工阶段的过程成果信息管理、归档和配置（版本）控制等。

（2）监督各BIM实施参建方对施工阶段“BIM实施细则”的执行情况，及时发现、纠正行为失范和技术性错误，并提出监督工作报告。

（3）审查本阶段模型成果的完整性、标准性、模型精度合规性、应用分析报告的合理性，并提出审查工作报告。

（4）依据本阶段“BIM实施细则”中的相关要求，对本阶段设计模型进行多专业BIM模型综合会审，并进行确认会签且提交会签文件。

（5）根据本阶段“BIM实施细则”的要求，对经审查评估确认后的成果进行永久性安全保存，并对其进行发布管理和配置管理。

3.2.8 竣工阶段BIM实施工作内容

（1）向各BIM实施参建单位进行竣工阶段的“BIM实施细则”交底，重点包括但不限于本阶段建模设计成果（竣工深化模型）、模型应用点和专业竣工图模型、多专业竣工图模型的整合、BIM综合竣工图模型的审核、整个方案设计阶段的BIM实施关联方协同流程，以及整个施工阶段的过程成果信息管理、归档和配置（版本）控制等。

（2）监督各BIM实施参建方对施工阶段“BIM实施细则”的执行情况，及时发现、纠正行为失范和技术性错误，并提出咨询监督工作报告。

（3）审查本阶段模型成果的完整性、标准性、模型精度合规性、应用分析报告的合理性，并提出审查工作报告。

（4）依据本阶段“BIM实施细则”中的相关要求，对本阶段设计模型进行多专业BIM模型综合会审，并进行确认会签且提交会签文件。

（5）根据本阶段“BIM实施细则”的要求，对经审查评估确认后的成果进行永久性安全保存，并对其进行发布管理和配置管理。

3.2.9 BIM 实施关联方关系

实施阶段 BIM 各参建方的工作关联关系如图 3-1 所示。

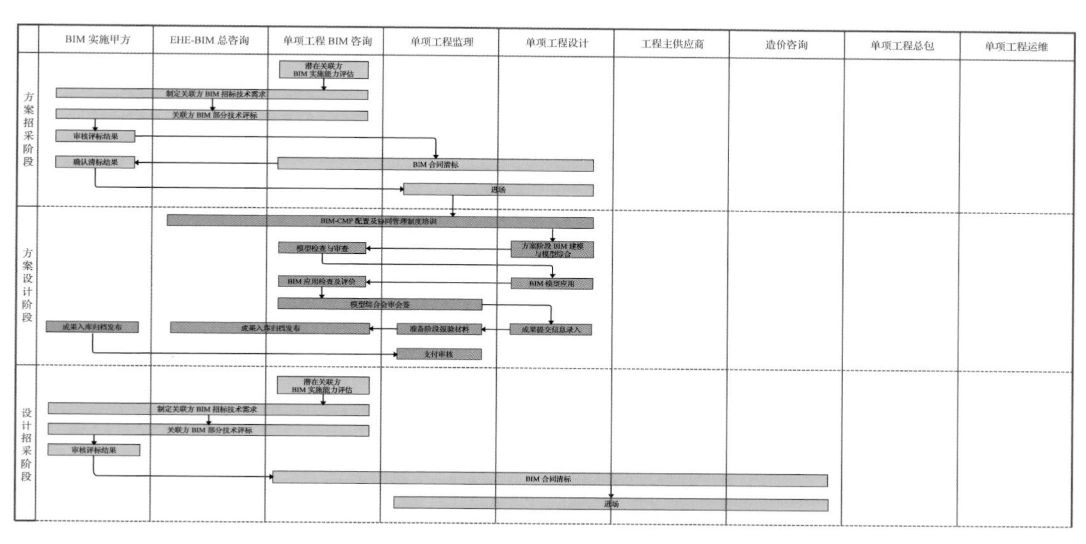

(a)方案招采阶段、方案设计阶段、设计招采阶段路线图

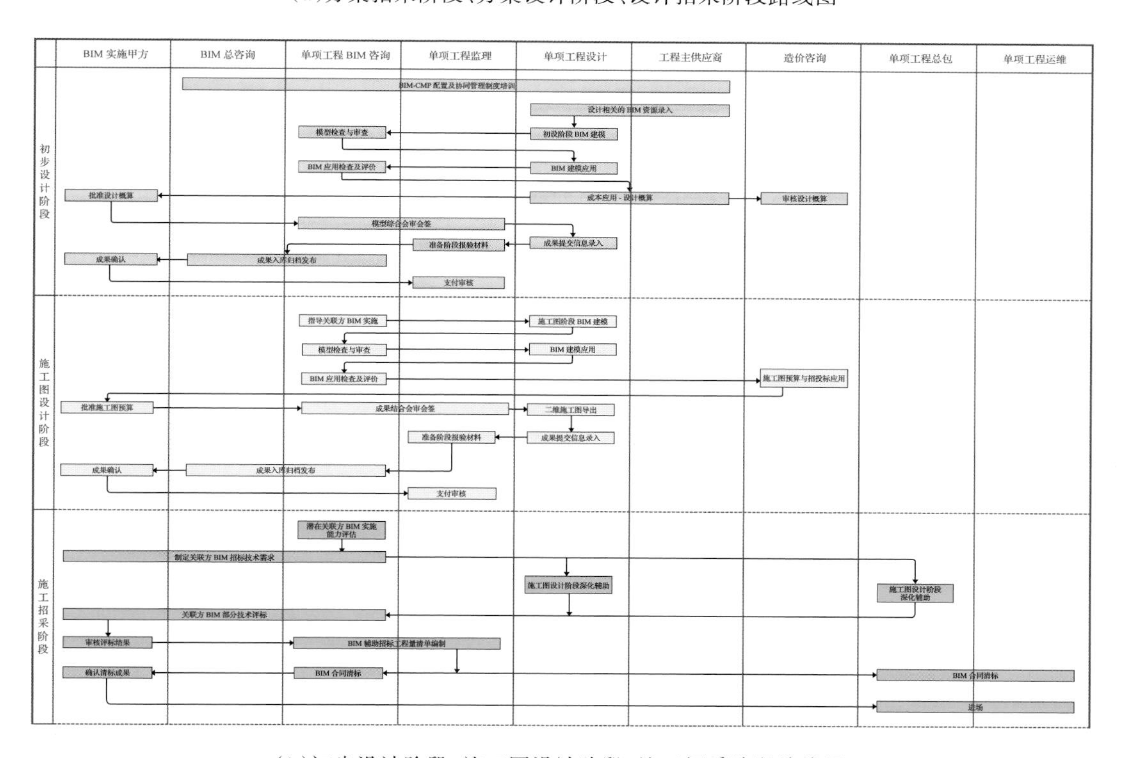

(b)初步设计阶段、施工图设计阶段、施工招采阶段路线图

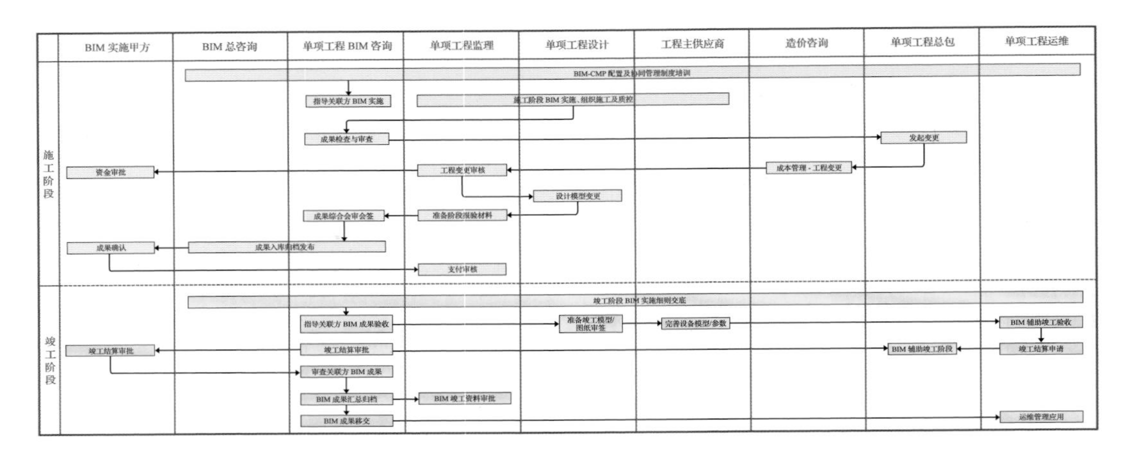

(c)施工阶段、竣工阶段路线图

图 3-1　BIM 实施总技术路线

3.3　数字化施工管理总体工作内容规划

数字化施工管理是花湖机场数字建造的工作主线之一，包括智慧工地实施工作内容规划和数字化施工监控实施工作内容规划两项内容。

3.3.1　智慧工地实施工作内容规划

智慧工地综合管理以"人、机、料、法、环"五要素为基础，通过数据采集手段将施工数据存储在后台服务器，实现施工过程的数字化，便于数据的调用及查验等，如图 3-2 所示。

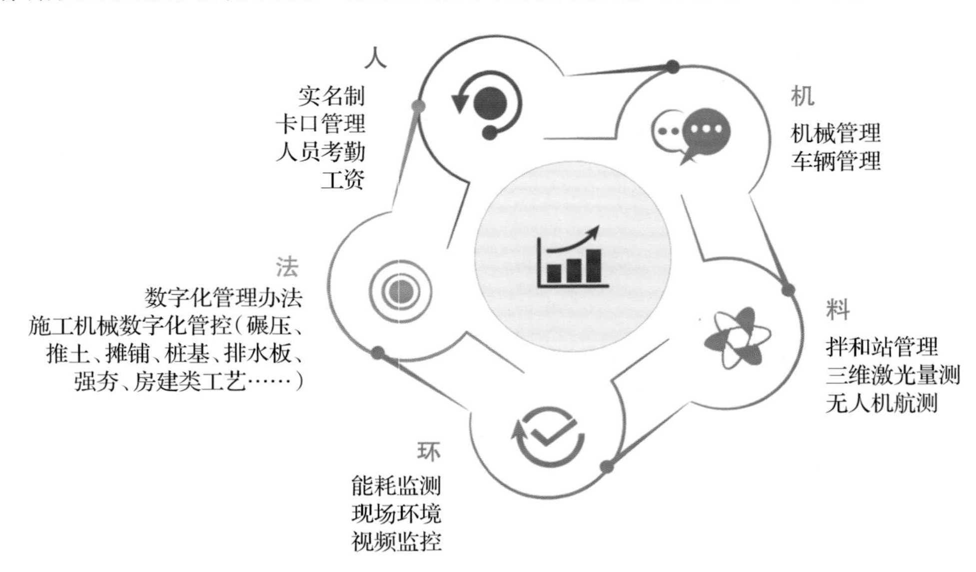

图 3-2　数字管控要素

（1）人员管理系统：现场管理人员及工人实名制录入系统，平台自动核对身份信息建立人员档案。考勤设置电子围栏，结合APP定位技术，在施工现场范围内可进行人脸识别打卡。人员通过实名制录入与机场门口人脸识别闸机联动，加强人员进出场管控。通过每天打卡精确统计人员出勤情况，方便施工作业人员动态管控及工资发放。

（2）人员定位管理：特种作业工人佩戴带有定位芯片的安全帽，数字化平台可实时显示现场作业人员位置及数量，方便工人管理。

设备车辆管控：所有设备加装GPS，数字化平台实时显示设备数量及位置，方便现场设备的日常管理与动态管控。

（3）车辆视频及轨迹监控：施工设备及车辆在驾驶室内安装视频监控系统，全过程记录设备及车辆施工期间影像及轨迹，视频数据回传服务器储存，方便现场施工质量监控及土石方资源管控，查看施工过程有无违规作业及将场内材料运出场外的现象。

（4）全场区安全监控：全场区覆盖设置视频监控系统，实时查看现场重要门岗、重要施工点位、搅拌站、碎石场、塔吊、吊钩、升降机、深基坑、高支模等现场重点部位及安全监控的施工情况。

（5）环境监控：能实现当前环境温度、风向风速、PM值、噪声情况的实时监控并能监控和智能启动喷淋系统。

（6）视频监控：现场实时状况查看，辅助进行现场管理。

（7）能耗监测：实现对水、电的日、周、月能耗趋势图监测。

（8）数字动态测量：运用三维激光扫描和无人机航拍等技术。其中三维激光扫描是采用三维激光扫描仪对现场排水沟的钢筋构件扫描形成高精度点云数据，对钢筋数量、绑扎间距、直径进行可视化测量，将形成的点云数据与BIM模型进行比对，辅助评判现场钢筋绑扎质量；无人机航拍是定期对现场进行航拍，在数字化平台形成全场区VR全景图，方便现场进度管控和施工生产安排。

3.3.2 数字化施工监控实施工作内容规划

数字化监控在本项目中的应用主要体现在土方工程及道（路）面数字化监控和结构工程数字化监控，即通过设备加装高精度卫星定位系统、传感器以及利用物联网、机械自动控制技术对土石方工程及道（路）面工程、砌筑工程、钢结构工程、钢筋混凝土工程、混凝土工程及结构吊装工程施工实现机械设备数字化精准施工作业。

土方工程及道（路）面数字化监控系统，包括地基处理机械施工监控、强夯机械施工监控、碾压机械施工监控、摊铺机械施工监控、推土机械施工监控、挖土机械施工监控、智能拌和管理监控及视频监控管理等。

结构工程数字化监控系统，包括桩基机械施工监测、塔吊运行监控管理、吊钩可视化监控、升降机监控、深基坑安全监测、高支模变形监测、建筑物沉降实时远程自动检测管理、三维激光扫描技术应用管理及视频监控管理等。

摊铺机械施工监控，将空间姿态信息与设计文件进行比对，并将比对结果发送至系统控制单元，系统控制单元通过液压阀驱动液压油缸使摊铺机械牵引大臂产生一定量的位移，左右牵引点位置改变引起熨平板相应方向的垂直运动，从而使填筑产生坡度和高程变化，满足摊铺施工设计要求；搅拌站配合比超差监控，是指混凝土搅拌站安装配合比监控系统，全过程自动记录统计配合比偏差情况，从施工配合比环节加强质量控制，提高配比偏差监控，有问题及时处置，强化混凝土生产拌和环节质量控制。

系统具备接口对接功能，通过接入施工单位提供的土方工程及道（路）面数字化监控系统或结构工程数字化监控系统及数字化监控前端设备、设施，实现综合展示。

3.4 BIM 实施的成本估算

3.4.1 BIM 实施成本估算的构成

BIM 实施的成本估算主要包括两部分，分别是 BIM 总包方的咨询服务费用估算和 BIM 项目实施部分的费用估算。

（1）咨询服务费用估算（含协同平台费用）

咨询服务费用对应的 BIM 实施关联方主要为 BIM 项目总包。各 BIM 实施关联方费用根据甲方工作任务书内服务范围并综合考虑相应成本测算得出。成本类型可分为：人工费、工本费用、软件产品费用、设备费、驻场人员的费用、专利使用费、差旅费、税费、汇报的费用、往来文件/变更洽商文件复印费、通信费、邮递费、会议会务费、知识产权费、加班费、加急费、保险费、利润、管理费等。但是该种测算方法的影响因素较多，如团队配置对应的人力成本，投入不同学历背景下的人员，成本差异很大，所以需要依据具体情况具体分析。

（2）项目实施费用估算

项目实施费用对应的 BIM 实施关联方主要为单项工程设计和单项工程总包，本项目参考行业和地方性取费指导标准，结合本项目特点制定取费标准，指导BIM实施各阶段、各参建方、各应用深度的造价估算和费用分摊。

3.4.2 基于现有取费标准依据的BIM成本试算

在明确了BIM实施成本估算构成的基础上，需要结合现有取费标准进行BIM成本试算，以对现有标准在花湖机场工程BIM成本测算的适用性上进行分析评价。为了尽可能表征不同测算依据下试算结果的差异性，应该选择体量大、投资额高、涉及单位多、结构形式复杂的单项工程作为试算对象。因此，本项目BIM成本试算选择了机场工程最为复杂的单项工程——转运中心为对象，结合其BIM实施范围进行BIM成本试算。

3.4.2.1 BIM成本试算依据的选择

目前国家层面没有出台关于建筑市场BIM实施的定价定额或取费标准，通过参考国内已有BIM取费政策，结合项目实施案例经验，以及招标文件中BIM实施工作范围，初步制定适用于本项目的BIM实施取费标准，以便于甲方进行后期的BIM实施关联方采购和实施计量支付操作。

国内已有BIM取费行业指导标准和地方指导标准包括：2015版《建筑设计服务计费指导》、《关于广东省建筑信息模型（BIM）技术应用费的指导标准（征求意见稿）》、《浙江省建筑信息模型（BIM）技术推广应用费用计价参考依据》和上海市《关于本市保障性住房项目实施BIM技术应用的通知》。其中上海市取费标准只针对保障性住房项目，与本项目业态差异较大，不作为本项目取费依据。因此，本项目选择2015版《建筑设计服务计费指导》、《关于广东省建筑信息模型（BIM）技术应用费的指导标准（征求意见稿）》和《浙江省建筑信息模型（BIM）技术推广应用费用计价参考依据》为依据进行BIM成本试算。

3.4.2.2 基于2015版《建筑设计服务计费指导》的试算

2015版《建筑设计服务计费指导》确定BIM技术应用的取费范围由BIM应用计费基价、工程复杂度调整系数两部分构成，如图3-3所示。

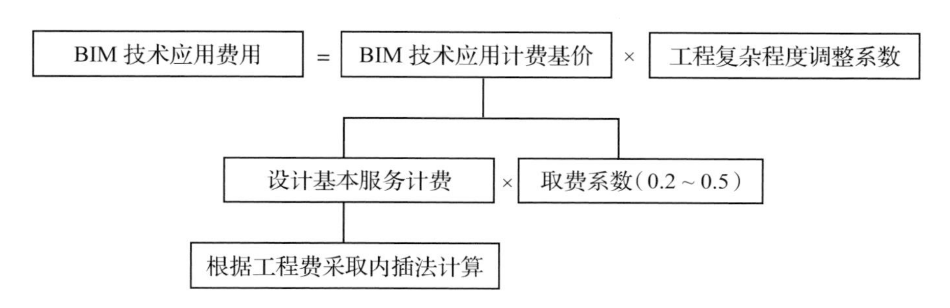

图3-3 行业协会BIM技术应用的取费公式

（1）BIM技术应用计费基价

依据2015版《建筑设计服务计费指导》规定，BIM技术应用计费基价计算公式如下：

BIM技术应用计费基价＝设计基本服务计费×取费系数（0.2～0.5）

2015版《建筑设计服务计费指导》中并未明确取费系数（0.2～0.5）如何取值，本书按照BIM技术应用范围和深度，做如下取值规定：

BIM技术仅在设计和施工阶段系统化应用的，取0.2；

BIM技术在设计、施工和运维阶段系统化应用，建立BIM协同管理平台、BIM技术标准体系、BIM标准化样板及参数化构件库，达到BIM全生命周期系统化应用的，取0.3；

BIM技术在设计、施工和运维阶段系统化应用，建立BIM协同管理平台、BIM技术标准体系、BIM标准化样板及参数化构件库，达到BIM全生命周期系统化应用，BIM技术要求极其复杂且国内外无成功先例的，取0.4～0.5。

（2）设计基本服务计费

设计基本服务计费应根据工程费采取内插法计算，如表3-2所示。

表3-2　设计基本服务计费计算

序号	计费额/万元	计费基价/万元
1	200	9
2	500	20.9
3	1000	38.8
4	3000	103.8
5	5000	163.9
6	8000	249.6
7	10000	304.8
8	20000	566.8
9	40000	1054
10	60000	1515.2

续表 3-2

序号	计费额/万元	计费基价/万元
11	80000	1960.1
12	100000	2393.4
13	200000	4450.8
14	400000	8276.7
15	600000	11897.5
16	800000	15391.4
17	1000000	18793.8
18	2000000	34948.9
注:计费额>2000000 万元的,以计费额乘以 1.6%的计费率计算计费基价。		

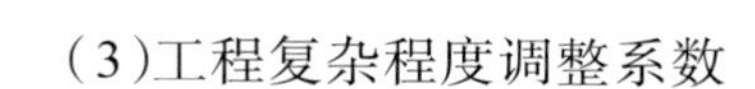

(3)工程复杂程度调整系数

工程复杂程度调整系数如表 3-3 所示。

表 3-3　工程复杂程度调整系数

复杂程度	工程设计条件	调整系数
简单	①单体建筑面积小于 5000 平方米(含)的小型公共建筑工程; ②建筑高度小于 24 米(含)的公共建筑工程; ③单体建筑面积小于 5000 平方米(含)的小型仓储物流类建筑工程	0.85
一般	①单体建筑面积大于 5000 平方米,且小于 20000 平方米(含)的中型公共建筑工程; ②建筑高度小于 27 米(含)的一般标准居住建筑工程; ③建筑高度大于 24 米且小于 50 米(含)的公共建筑工程; ④单体建筑面积大于 5000 平方米的大中型仓储物流类建筑工程; ⑤建筑面积小于 10000 平方米(含)的单建地下工程	1.0
复杂	①功能和技术要求复杂的中小型公共建筑工程; ②建筑高度大于 27 米、小于 100 米的居住建筑工程,或 27 米以下高标准的居住建筑工程; ③单体建筑面积大于 20000 平方米的大型公共建筑工程; ④建筑高度大于 50 米且小于 100 米的公共建筑工程; ⑤建筑面积大于 10000 平方米且小于 50000 平方米(含)的单建地下工程	1.15

续表 3-3

复杂程度	工程设计条件	调整系数
特别复杂	①功能和技术要求特别复杂的公共建筑工程； ②建筑高度大于 100 米（含）的居住或公共建筑工程； ③单体建筑面积大于 80000 平方米的超大型公共建筑工程； ④建筑面积大于 50000 平方米的单建地下工程； ⑤工艺复杂或 1000 床以上的医疗建筑工程，1600 座以上剧院或包含两个及以上不同类型观演厅的综合文化建筑工程，5 万平方米以上会议中心、航站楼、客运站，6000 座以上体育馆，30000 座以上体育场，超过五星级标准的酒店或度假村等公共建筑工程； ⑥抗震设防有特殊要求的建筑工程（隔震垫、阻尼器、消能装置等），结构超限的建筑工程； ⑦仿古建筑、宗教建筑、古建筑和保护性建筑工程； ⑧适用于国际性活动的大型公共建筑工程	1.3
	⑨改扩建和技术改造（含结构加固）建筑工程	1.3~1.8

本项目转运中心单项工程建安费用预估 21.6 亿元（暂按 3000 元/平方米预估），采用内插法计算设计基本服务计费基价为 4757 万元。

转运中心单项工程属于单体建筑，建筑面积 719972 平方米，根据《湖北国际物流核心花湖机场项目转运中心项目可行性研究报告》定义为大中型仓储物流类建筑工程，但由于其工程复杂程度和规模较常规仓储物流项目复杂，调整系数较高，因此其系数取 1.15。

关于基本服务计费取费系数，根据《建筑设计服务计费指导》规定，花湖机场项目转运中心工程的基本服务计费取费系数取 0.5，试算过程如下所示：

转运中心单项工程 BIM 技术应用设计费用＝BIM 技术应用计费基价×工程复杂程度调整系数＝设计基本服务计费×（0.2~0.5）×工程复杂程度调整系数＝ 4757×0.5×1.15≈2735 万元。

本项目转运中心单项工程BIM技术应用设计费用单价＝2735 万元÷719972 平方米≈38 元/平方米。

3.4.2.3 基于广东省指导标准的试算

《关于广东省建筑信息模型（BIM）技术应用费的指导标准（征求意见稿）》适用范围为建筑工程、装配式建筑工程（适用于装配率在 40%以上）、园林景观工程、城市道路工程、城市轨道工程、综合管廊工程，除上述工程外，其余工程项目可酌情参考此标准。

根据此标准，BIM技术应用费用由基价、应用阶段调整系数、应用专业调整系数、工程复杂程度调整系数构成，如图 3-4 所示。

BIM 技术应用费用	=	基价	×	应用阶段调整系数 A	×	应用专业调整系数 B	×	工程复杂程度调整系数 C

图 3-4 广东省 BIM 技术应用费取费公式

(1)基价

基价是基于全阶段、全专业应用的标准,基价的计算方法见表 3-4。

表 3-4 基价计算方法

序号	应用阶段	计费基数	单价或费率	备注
1	建筑工程	建筑面积	30 元/平方米	全专业包括建筑、结构、装修、给排水、电气、消防、通风、空调、弱电
2	装配式建筑工程	建筑面积	20 元/平方米	
3	园林景观工程	建安造价	0.6%	全专业包括景观、绿化、景观照明、景观给排水、景观智能化
4	城市道路工程	建安造价	0.3%	全专业包括路基、路面、桥涵、隧道、机电安装、给排水以及交通安全设施
5	城市轨道工程	建安造价	0.25%	全专业包括土建、轨道、电气、给排水、消防、通风、空调、通信、信号以及弱电
6	综合管廊工程	建安造价	0.25%	全专业包括管仓的土建、电气、给排水、通风、消防、弱电以及管仓收容管线设施
说明:部分专业采用 BIM 技术时,基价以所应用专业的造价作为计费基数。				

(2)应用阶段调整系数

应用阶段调整系数 A 的确定方法见表 3-5。

表 3-5 应用阶段调整系数

序号	应用阶段	单阶段应用调整系数
1	设计阶段	0.3
2	深化设计阶段	0.2
3	施工过程管理	0.4
4	运营维护	0.5
说明:全阶段应用时,调整系数 A 取值为 1;非全阶段整体应用,仅为单阶段应用时,按表中系数进行调整;当连续的两阶段应用时,按两个阶段的独立应用调整系数之和的 90%计算;当连续的三阶段应用时,按三个阶段的独立应用调整系数之和的 80%计算。		

(3)应用专业调整系数

应用专业调整系数B的确定方法见表3-6。

表3-6　应用专业调整系数

序号	应用专业	应用专业调整系数	备注
1	建筑工程、装配式建筑工程		
①	单独土建工程	0.2	—
②	单独精装修工程	0.5	基价以精装修面积作为计算基数
③	单独机电工程	0.5	如是精装修的单独机电工程,则基价以精装修面积作为计算基数
2	园林景观工程		
①	单独景观工程	0.8	—
②	单独机电工程	1.2~1.5	—
3	城市道路		
①	单独路基工程	0.5	—
②	单独桥梁工程	1.2~1.5	—
③	单独隧道工程	1.0~1.2	—
④	单独机电安装工程	1.5~2.0	—
⑤	单独交通设施工程	1.0~1.2	—
4	城市轨道		
①	单独的区间土建工程	0.3	—
②	单独的地铁站土建工程	1.5~2.0	—
③	单独轨道工程	0.4	—
④	单独机电安装工程	2.0~3.0	—
5	综合管廊		
①	单独土建工程	0.3	—
②	单独机电安装工程	1.5~2.0	—
说明:全专业应用时,调整系数B取值为1;非所有专业整体应用,仅为部分专业应用时,按表中系数进行调整。			

（4）工程复杂程度调整系数 C

工程复杂程度调整系数可参照设计收费标准约定的工程复杂程度进行调整，调整系数为 0.8~1.2。根据《关于广东省建筑信息模型（BIM）技术应用费的指导标准（征求意见稿）》，本项目全专业费用基价为 30 元/平方米。其中，考虑本项目“BIM 正向实施”的要求和项目特点，设计阶段应用调整系数设为 0.45，施工阶段应用调整系数设为 0.4，运维阶段应用调整系数设为 0.5。

本项目转运中心单项工程复杂程度调整系数取 1.15。

综上，按照广东省BIM技术应用费的指导标准来计算，本项目转运中心单项工程项目实施 BIM 应用费用＝基价×（应用阶段调整系数 A）×（应用专业调整系数 B）×（工程复杂程度调整系数 C）。

转运中心单项工程设计阶段应用费用单价为：30 元/平方米×0.45×1×1.15 ＝ 15.5 元/平方米；

转运中心单项工程施工阶段应用费用单价为：30 元/平方米×0.4×1×1.15 ＝ 13.8 元/平方米；

转运中心单项工程运维阶段应用费用单价为：30 元/平方米×0.5×1×1.15 ＝ 17.2 元/平方米。

3.4.2.4 基于浙江省指导标准的试算

根据《浙江省建筑信息模型（BIM）技术推广应用费用计价参考依据》，本项目转运中心单项工程 BIM 技术应用费用计算公式如图 3-5 所示。

BIM 技术应用费用 ＝ BIM 应用阶段取费基价 × 工程复杂程度调整系数

图 3-5 浙江省 BIM 技术应用费取费公式

浙江省BIM技术应用根据应用等级、阶段、所含专业、模型深度和服务内容，按照建筑面积进行取费，具体收费依据如表 3-7 所示。

表 3-7 浙江省建筑信息模型（BIM）技术推广应用费用计价参考依据

应用等级	阶段	所含专业	模型深度	服务内容（应用选项）	费用/（元/平方米）
一级	设计阶段	建筑、结构、场地	应用于设计阶段，模型细度达到 LOD300	建模、性能分析、仿真漫游、面积及构件统计	2
	施工阶段	建筑、结构、场地	设计模型应用于施工阶段，细度同上	施工模拟及仿真漫游	1
	运维阶段	建筑、结构、场地	设计模型应用于运维阶段，细度同上	楼层巡视	1

续表 3-7

应用等级	阶段	所含专业	模型深度	服务内容（应用选项）	费用/（元/平方米）
二级	设计阶段	建筑、结构、机电	应用于设计阶段，模型细度达到 LOD300	建模、性能分析、面积统计、冲突检测、辅助施工图设计、仿真漫游、工程量统计	8
		地质勘察	应用于设计阶段，可包括粗勘、详勘。根据钻孔资料建立三维地质模型	拟合地层曲面及地表建筑物、构筑物	按勘测费 15% 计取，不少于 5000 元/项目
	施工阶段	建筑、结构、机电	在设计模型基础上进行深化，建立施工模型，模型细度达到 LOD400	施工深化、冲突检测、施工模拟、仿真漫游、施工工程量统计	8
	运维阶段	建筑、结构、机电	根据竣工资料和现场实测调整施工模型成果，获得与现场安装实际一致的运维模型，模型细度不小于 LOD400	运维仿真漫游	3
三级	设计阶段	建筑、结构、机电、景观、室内、幕墙、岩土	应用于设计阶段，模型细度达到 LOD300	建模、性能分析、面积统计、冲突检测、辅助施工图设计、仿真漫游、工程量统计	18
		地质勘察	应用于设计阶段，可包括粗勘、详勘。根据钻孔资料建立三维地质模型	拟合地层曲面及地表建筑物、构筑物	按勘测费 15% 计取，不少于 5000 元/项目
	施工阶段	建筑、结构、机电、景观、室内、幕墙、岩土	在设计模型基础上进行深化，建立施工模型，模型细度达到 LOD400	施工深化、冲突检测、施工模拟、仿真漫游、施工工程量统计	18
	运维阶段	建筑、结构、机电、景观、室内、幕墙、岩土	根据竣工资料和现场实测调整施工模型成果，获得与现场安装实际一致的运维模型，模型细度不小于 LOD400	运维仿真漫游、3D 数据采集和集成、设备设施管理	15

注：①以上费用为一次建模应用费用，如实施过程中出现大规模设计调整，则根据实际增加工作量协商相应增加费用。

②住宅小区地上建筑乘以系数 0.8；钢结构、超高层、文体场馆、大型交通枢纽、医院等复杂建筑，费用应根据其复杂度乘以系数 1.5~2.0，具体由双方另行协商。

③施工阶段、运维阶段的 BIM 应用，须在前一阶段 BIM 实施成果上开展。

④同一 BIM 技术服务商提供设计、施工、运维全生命周期的 BIM 应用服务的费用，在各阶段费用累加的基础上乘以系数 0.85。

⑤其他 BIM 应用按实际内容和服务深度，由双方协商确定。

根据浙江省BIM取费指导参考，建筑面积大于30万平方米的按照30万平方米计算。本项目为BIM技术全过程全专业的应用，BIM正向实施、技术要求复杂且国内外无成功先例，应用等级为三级。根据《浙江省建筑信息模型（BIM）技术推广应用费用计价参考依据》中的“民用建筑工程（新建项目）BIM技术应用费用计价参考表”，本项目设计阶段BIM实施单价为18元/平方米，施工阶段BIM实施单价为18元/平方米。

钢结构、超高层、文体场馆、大型交通枢纽、医院等复杂建筑，费用应根据其复杂度乘以系数1.5~2.0，本项目转运中心单项工程复杂程度系数按照《建筑设计服务计费指导》中1.15的工程复杂程度系数折算，取值为1.6。

本项目转运中心单项工程BIM应用费用＝建筑面积×（设计单位应用费用+施工单位应用费用）×工程复杂程度调整系数。

转运中心单项工程设计阶段应用费用单价为：30万平米×18元/平方米×1.6÷719972平方米≈12.0元/平方米；

转运中心单项工程施工阶段应用费用单价为：30万平米×18元/平方米×1.6÷719972平方米≈12.0元/平方米；

转运中心单项工程运维阶段应用费用单价为：30万平米×15元/平方米×1.6÷719972平方米≈10.0元/平方米。

3.4.3 试算结果分析

结合前述试算结果可以发现，不同测算依据下，转运中心的BIM实施成本单价差异较大，如图3-6所示。因此需要对各项依据的差异进行分析，以找出差异产生的原因，据此制定符合花湖机场BIM成本估算的依据及方法。

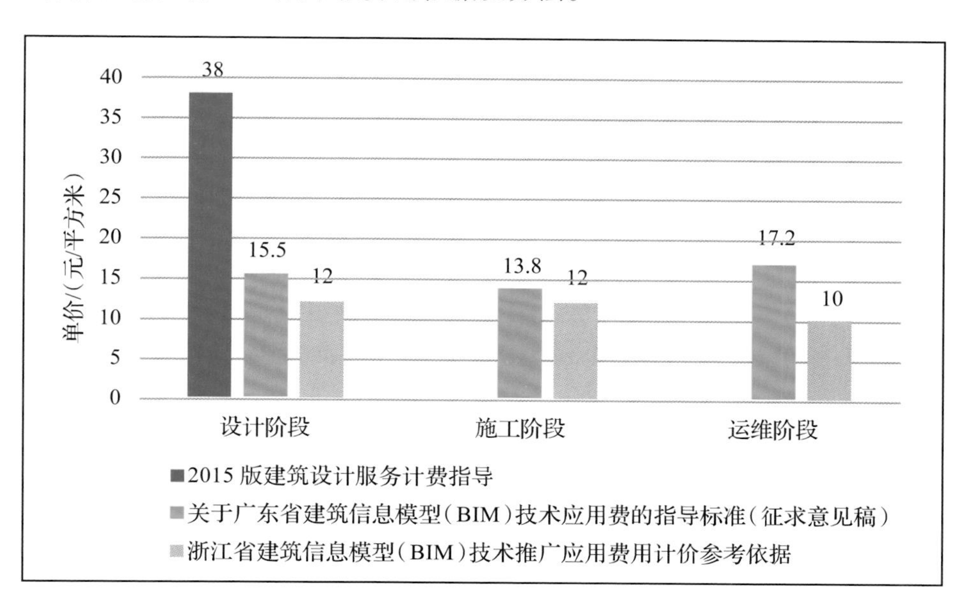

图3-6 转运中心BIM实施成本估算

2015版《建筑设计服务计费指导》的取费需根据项目建安成本进行测算,受各单项工程成本指标的影响较大,在工程成本指标未明确阶段适用性不强。同时,该取费方式对于应用阶段和应用专业的影响未做详细划分,仅有一个粗略的取值范围,但其关于工程复杂程度影响的划分十分详尽。

《关于广东省建筑信息模型(BIM)技术应用费的指导标准(征求意见稿)》在取费基价、应用阶段和应用专业上的划分上较明确,该取费方式未能考虑工程建筑体量对取费标准的影响,但可参照该参考依据中关于取费基价、应用阶段调整系数和应用专业调整系数的划分方式。

《浙江省建筑信息模型(BIM)技术推广应用费用计价参考依据》在BIM模型的设计模型深度和服务内容的描述上更为详尽,但对于工程复杂程度的划分上不够精细,且该取费方式虽然考虑了项目建筑体量变化对BIM取费的影响,但该指导标准中建筑体量对于取费额度的影响较大,按照该取费方式,对于建筑体量较小的项目,取费额远高于市场同类项目实际中标价格。

3.4.4 花湖机场BIM成本取费方法

根据3.4.3节的分析结果,综合国内多地取费标准,本书从建筑体量、工程复杂程度、BIM应用阶段、BIM应用专业四个方面考虑,针对花湖机场项目制定一套BIM实施取费估算公式,可在项目BIM实施服务采购工作中作为参考。

另外,运维阶段的各项目BIM服务内容差异大,需根据系统开发、信息录入、模型整理和模型入库等工作的实际需求和深度,由应用服务双方协商。

BIM技术应用费用取费公式如图3-7所示。

图3-7 本项目BIM技术应用费取费标准

3.4.4.1 基价

取费公式内取费基价是基于BIM技术全专业、全阶段应用的取费值,项目实施阶段BIM取费基价取30元/平方米。

3.4.4.2 建筑体量调整系数A

建筑体量调整系数(表3-8)根据实际工程经验确定,系数采取插值法取值。

3.4.4.3 工程复杂程度调整系数B

工程复杂程度调整系数按照2015版《建筑设计服务计费指导》进行取值。

表 3-8 建筑体量调整系数

序号	建筑体量/万平方米	建筑体量调整系数
1	≥100	0.8
2	60	1
3	30	1.05
4	20	1.1
5	10	1.15
6	≤5	1.2

3.4.4.4 应用阶段调整系数 C

应用阶段调整系数的取值参考 2015 版《建筑设计服务计费指导》的设计各阶段工作量分配参考比例和《关于广东省建筑信息模型(BIM)技术应用费的指导标准(征求意见稿)》的“应用阶段调整系数”的规定，具体取值可参考表 3-9。

表 3-9 应用阶段调整系数

<table>
<tr><th>序号</th><th colspan="2">应用阶段</th><th>单阶段应用调整系数</th></tr>
<tr><td rowspan="2">1</td><td rowspan="2">设计阶段</td><td>初步设计阶段</td><td>0.16</td></tr>
<tr><td>施工图设计阶段</td><td>0.34</td></tr>
<tr><td>2</td><td colspan="2">施工阶段</td><td>0.4</td></tr>
<tr><td>3</td><td colspan="2">运营阶段</td><td>0.5</td></tr>
<tr><td colspan="4">说明：由一家 BIM 服务供应商提供全阶段应用时，调整系数 C 取值为 1；仅提供单阶段应用时，按表中系数进行调整；当连续的两阶段应用由一家 BIM 服务供应商提供时，按两个阶段的独立应用调整系数之和的 90%计算；当连续的三阶段应用由一家 BIM 服务供应商提供时，按三个阶段的独立应用调整系数之和的 80%计算。</td></tr>
</table>

3.4.4.5 应用专业调整系数 D

应用专业调整系数按照《关于广东省建筑信息模型(BIM)技术应用费的指导标准(征求意见稿)》的规定，并结合项目实际经验确定，项目应用专业调整系数取值可参考表 3-10。

造价咨询、工程监理、工程设计顾问、工程主供应商等其他关联方的BIM实施费，本书不做具体测算，可通过商务谈判的方式另行洽商，在其原有业务基础上，根据 BIM 实施应用点，增加 BIM 实施所产生的额外成本，结合服务范围酌情收取服务报酬。

表 3-10　应用专业调整系数

<table>
<tr><th>序号</th><th colspan="2">应用专业</th><th>应用专业调整系数</th><th>备注</th></tr>
<tr><td>1</td><td colspan="2">建筑工程</td><td>1</td><td></td></tr>
<tr><td>1.1</td><td colspan="2">单独土建工程</td><td>0.3</td><td>—</td></tr>
<tr><td>1.2</td><td colspan="2">单独精装修工程</td><td>0.5</td><td>基价以精装修面积作为计算基数</td></tr>
<tr><td rowspan="4">1.3</td><td rowspan="4">单独机电工程</td><td>建筑给排水及采暖</td><td>0.11</td><td rowspan="4">如果是精装修的单独机电工程，则基价以精装修面积作为计算基数</td></tr>
<tr><td>建筑消防</td><td>0.11</td></tr>
<tr><td>建筑电气</td><td>0.11</td></tr>
<tr><td>通风与空调</td><td>0.17</td></tr>
<tr><td>1.4</td><td colspan="2">单独幕墙工程</td><td>0.1</td><td>—</td></tr>
<tr><td>1.5</td><td colspan="2">电梯</td><td>0.03</td><td>—</td></tr>
<tr><td>2</td><td colspan="2">室外工程</td><td>0.5</td><td></td></tr>
<tr><td>2.1</td><td colspan="2">室外建筑环境</td><td>0.25</td><td>—</td></tr>
<tr><td>2.2</td><td colspan="2">室外安装</td><td>0.25</td><td>—</td></tr>
<tr><td colspan="5">说明：本表内未明确应用专业调整系数的专业分包工程，根据 BIM 服务内容采取商务谈判的方式确定取费标准。</td></tr>
</table>

3.5　BIM 实施风险管理策略

风险管理过程一般由若干主要阶段组成，对于风险管理过程的认识，不同的组织和个人其划分方法也不一样。本书在相关文献以及项目风险管理案例的总结基础上，将本项目中的风险管理过程划分为风险识别、风险评估、风险应对三个阶段，实现对项目风险全过程的动态管理，并在风险管理过程中形成项目 BIM 实施风险登记表。

3.5.1　风险识别

风险识别是指对项目风险进行判断、分类整理和确定风险性质的过程。风险识别是风险管理的最基础环节。本项目中，根据文献总结进行 BIM 实施风险因素的初步识别，然后通过问卷调查的方式对各风险因素进一步识别并根据调查结果进行评估分析。

3.5.1.1　风险识别方法

风险识别先在文献研究的基础上初步识别，然后结合问卷调查对风险因素进一步识别。BIM应用的风险因素较多，涉及多方面问题，借助风险分解结构（RBS）来构建风险类别，风险分解结构是潜在风险来源的层级展现。首先，参考大量相关文献和国内外的工程案例等，总结BIM应用过程中可能发生的风险因素，并进行分类。然后，结合机场工程建设项目情况，对各风险因素初步识别后采用问卷调查形式进一步识别。最终，识别出花湖机场项目BIM实施的主要风险因素。风险识别过程如图3-8所示。

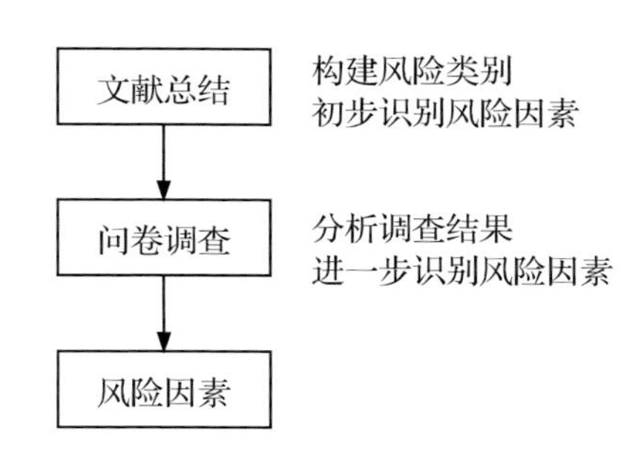

图3-8 风险识别过程

（1）文献总结

通过研究相关文献，从项目BIM实施关联方（包括BIM实施甲方、单项工程BIM咨询、BIM总咨询、工程设计顾问、单项工程监理、单项工程设计总包、单项工程施工总包、工程主供应商、单项工程运维等）及技术的角度总结BIM实施风险因素。

（2）问卷调查

在文献总结的基础上，为了进一步识别花湖机场项目中BIM实施的风险因素，采用问卷的形式进行实际调查，采用定量分析的方法，从项目BIM实施关联方（包括BIM实施甲方、单项工程BIM咨询、BIM总咨询、单项工程监理、单项工程设计总包、单项工程施工总包、工程主供应商、单项工程运维等）及技术的角度调查BIM实施风险因素。调查问卷主要由以下两部分内容组成：

第一部分主要是统计描述，调查填表人的性别、从业经历、职称、项目中的利益相关方等情况，主要调查对象为花湖机场项目的BIM实施甲方和BIM总咨询等人员，以降低被调查人自身因素所带来的主观影响。

第二部分是调查的主要部分，在前面风险因素识别的基础上，将风险来源进行分类。调查表中分别将风险因素的发生概率和风险程度进行五分量化，来度量风险的大小。

3.5.1.2 常见风险因素

花湖机场项目通过研究相关文献并对风险因素进行分类，共识别出风险因素42项，形成调查问卷；再通过调查问卷的填写、梳理，认同问卷中列出的42项风险因素均应作为本项目中的风险项，未增加新的风险项。因此，根据风险来源划分为10类，各风险因素序号如表3-11所示。

表 3-11　BIM 实施风险因素识别表

风险来源	序号	风险因素
BIM 实施甲方	1	缺乏 BIM 知识和 BIM 实施管理经验
	2	对关联方(单项工程 BIM 咨询、BIM 总咨询、单项工程监理、单项工程设计总包、单项工程施工总包、工程主供应商、单项工程运维等)选择不当
	3	与关联方签署的合同存在职责分配不清晰条款；合同没有明确规定 BIM 模型传递过程出现差错由哪方负责
	4	项目管理流程与 BIM 管理流程不协调
	5	设计期间不组织召开设计、施工、运维方协调会议,未吸纳工程总包、运维方意见
	6	因需求改变导致设计阶段与施工阶段的设计变更
	7	甲方不遵循设计的客观规律和盲目要求(三边工程)
	8	对 BIM 总咨询/单项工程 BIM 咨询授权不明确,致使有关关联方绕过 BIM 总咨询/单项工程 BIM 咨询,不按规则实施 BIM
	9	BIM 实施项目管理组织机构中职责分工不明确
	10	出现负面议论后,甲方对 BIM 实施的决心和支持程度下降
BIM 总咨询/单项工程 BIM 咨询	11	缺乏 BIM 总体管理经验
	12	正向 BIM 实施经验不足,无法有效管理设计方 BIM 实施
	13	缺乏对各参建方 BIM 应用成果的审核能力
	14	不能有效管控相关关联方的 BIM 实施
	15	指定或制定的相关标准、流程的滞后与粗放
	16	提供的 BIM 管理平台不能满足项目 BIM 管理需求
	17	对甲方和各参建方的培训达不到 BIM 正向实施要求
工程设计顾问	18	正向 BIM 实施经验不足
	19	缺乏对各参建方 BIM 应用成果的审核能力
单项工程设计总包	20	设计团队没有正向实施经验
	21	为赶设计进度,先绘制二维图,然后再根据二维图纸翻模
	22	由于现阶段施工图不能全部由模型切图生成,部分不是直接通过模型切图生成的施工图图纸(如结构施工图)不能保证图模一致
	23	不能全部实施规划的 BIM 应用点
	24	盲目相信分析、模拟软件输出结果
	25	缺乏对 BIM 模型的审核能力,只把施工图作为审核对象
	26	设计方的审核监督体制不完善

续表 3-11

风险来源	序号	风险因素
单项工程设计总包	27	设计总包无力协调设计分包 BIM 成果
	28	对施工方的设计交底不充分
	29	未能有效收集运维信息在项目竣工时交付给运维方
单项工程施工总包	30	BIM 实施经验不足，BIM 实施人员技术能力、沟通能力、管理能力不足
	31	施工深化设计不充分，存在变更、返工隐患
	32	不能及时更新施工模型，造成信息更新滞后、遗漏
	33	施工总包协调、审核施工分包 BIM 成果能力不足
	34	未能有效收集运维信息在项目竣工时交付给运维方
	35	项目竣工时交付的竣工 BIM 模型不完善
单项工程监理	36	缺乏 BIM 实施项目经验，不能协调、管理施工方的 BIM 工作及成果
单项工程造价咨询	37	缺乏 BIM 实施项目经验，不能用 BIM 计量结果与计量软件计量结果进行多算对比
单项工程运维	38	没参加设计、施工阶段相关协调会议
	39	设计阶段，未明确设备维护所需的预留空间及设备属性
	40	竣工阶段，运维人员未参与验收设计、施工方交付的运维信息和竣工 BIM 模型
工程主供应商	41	设备供应商不能按时提供设备 BIM 模型
技术风险	42	BIM 软件及平台间的多种格式数据传递存在数据出错、丢失现象

3.5.2 风险评估

3.5.2.1 风险评估方法

针对花湖机场项目，运用风险矩阵图分析风险发生的可能性及严重性，从而确定风险等级。为了便于风险量化评估，引入 3 个风险参数（风险可能性系数、风险严重性系数、风险等级系数），并分别进行赋值量化，如表 3-12 所示。

表 3-12 风险参数设置

风险参数	表示符号	参数描述	赋值范围
风险可能性系数	Pi	表示风险发生的可能性大小	1~5
风险严重性系数	Sj	表示风险对项目造成的危害程度	1~5
风险等级系数	Rij	定义为风险严重性系数与可能性系数的乘积	Rij = Pi×Sj

（1）风险可能性系数

风险可能性系数划分如表 3-13 所示。

表 3-13　风险可能性系数划分表

表示符号	可能性等级	系数值	描述
P5	高	5	风险发生的可能性高
P4	较高	4	风险可能经常发生
P3	中等	3	有一定的发生可能性，不属于小概率事件
P2	较低	2	有一定的发生可能性，属于小概率事件
P1	低	1	风险发生的可能性极小

（2）风险严重性系数

风险严重性系数划分如表 3-14 所示。

表 3-14　风险严重性系数划分表

表示符号	严重性等级	系数值	描述
S5	高	5	风险严重性高，例如进度延误大于 15%，或者项目最终产品实际上不能使用
S4	较高	4	风险严重性较高，例如进度延误 10%~15%，或者质量等级的降低不被甲方接受
S3	中等	3	风险严重性中等，例如进度延误 5%~10%，或者质量等级的降低需要得到甲方批准
S2	较低	2	风险严重性较低，例如进度延误低于 5%，或者只有某些要求较高的工作受到影响
S1	低	1	风险严重性低，例如进度延误不明显，或者质量等级降低几乎感觉不到

（3）风险矩阵图分析

运用风险矩阵图，通过对风险发生的可能性及严重性的量化分析，确定风险等级系数并划分风险等级，如表 3-15 所示。

表 3-15　风险矩阵图分析

		风险可能性						风险等级系数（Rij ＝ Pi×Sj）	
		等级	P1	P2	P3	P4	P5	取值	风险等级
风险严重性	等级	赋值	1	2	3	4	5		
	S1	1	1	2	3	4	5	R<5	小风险（R1）
	S2	2	2	4	6	8	10	5≤R<10	较小风险（R2）
	S3	3	3	6	9	12	15	10≤R<15	中等风险（R3）
	S4	4	4	8	12	16	20	15≤R<20	较大风险（R4）
	S5	5	5	10	15	20	25	R≥20	重大风险（R5）
注：本表灰色部分的风险系数值为 10~25，应当优先处理。									

3.5.2.2 风险评估分析

根据问卷调查数据，可统计出前述各风险因素的可能性系数与严重性系数的平均值,依据平均结果绘制风险矩阵图,根据风险矩阵图可直观地看出各风险因素发生的可能性与严重性的分布情况,并对各风险因素进行比较,如图 3-9 所示。

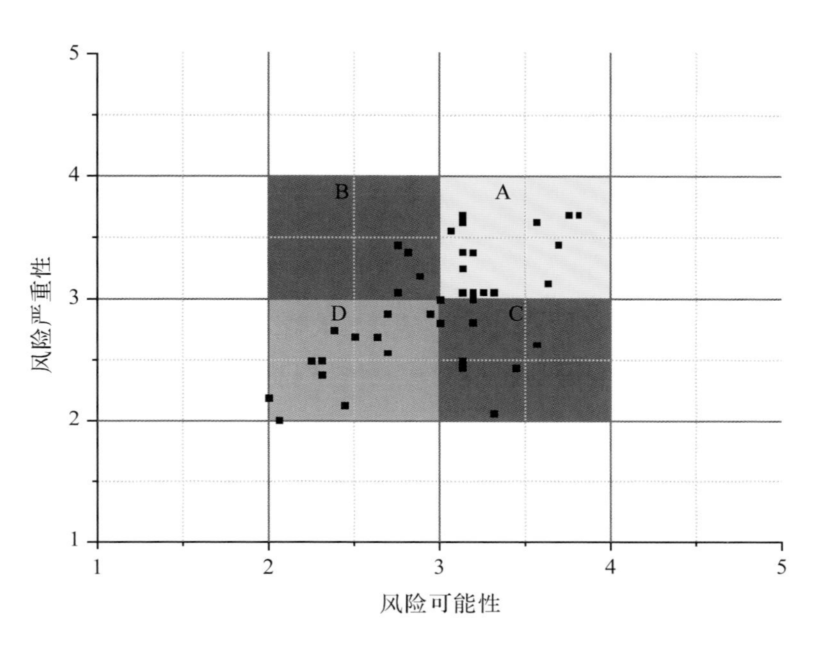

图 3-9 风险矩阵图

由数据分析可知,花湖机场项目识别出的 42 项风险因素发生的可能性系数分布范围为 2~4,发生概率处于较低至较高范围;严重性系数分布范围为 2~4,严重性程度处于较低至较高范围。将 42 项风险因素的分布划分为 A、B、C、D 四个区域:

A 区域表示该风险因素发生的可能性与严重性均处于较高水平，在 BIM 实施过程中应最先予以重视,并提出相应的风险应对措施。本项目中的风险因素包括第 1、2、3、4、6、8、11、12、14、15、18、19、25、28、29、30、31、32、35、36、42 项,共 21 项。

B 区域表示该风险因素发生的可能性处于中等水平以下,但风险发生后的严重程度处于中等水平以上,该类风险容易被忽略,在 BIM 实施过程中也应予以重视,并提出相应的风险应对措施。本项目中的风险因素包括第 13、16、17、27、33 项,共 5 项。

C 区域表示该风险因素发生的可能性处于中等水平以上,严重程度处于中等水平以下,在 BIM 实施过程中也应予以重视。本项目中的风险因素包括第 20、21、23、34、38 项,共 5 项。

D 区域表示该风险因素发生的可能性与严重性均处于中等水平以下，在 BIM 实施过程中应加强监控，可根据实施过程中的状态变化采取措施。本项目中的风险因素包括第 5、7、9、10、22、24、26、37、39、40、41 项，共 11 项。

为确定各风险因素的平均风险水平，综合考虑风险发生的可能性与严重性，按照“平均得分法”对花湖机场项目BIM实施的风险因素进行分析，定义各风险因素的风险水平综合指数 *MS*，用以表示各风险因素的平均风险等级系数水平，公式如下：

$$MS=\frac{\sum_{i=1}^{5}(f_i\times R)}{N}\ (1\leqslant MS\leqslant 25,\ 1\leqslant i\leqslant 5)$$

式中　*MS*—— 各风险因素的风险水平综合指数；

f_i—— 各风险等级系数对应的风险因素的份数；

i—— 各风险大小程度(i=1,2,3,4,5)；

R—— 权重($1\leqslant R\leqslant 25$)；

N—— 各风险因素的总份数。

据此可以确定调查问卷中各风险因素的风险水平综合指数 *MS*，并进行综合排序，统计结果见表 3-16。

表 3-16　调查风险因素统计表

风险来源	序号	风险因素	*MS*	排序
BIM 实施甲方	1	缺乏 BIM 知识和 BIM 实施管理经验	11.56	9
	2	对关联方(单项工程 BIM 咨询、BIM 总咨询、单项工程监理、单项工程设计总包、单项工程施工总包、工程主供应商、单项工程运维等)选择不当	10.75	18
	3	与关联方签署的合同存在职责分配不清晰条款;合同没有明确规定 BIM 模型传递过程出现差错由哪方负责	12.69	7
	4	项目管理流程与 BIM 管理流程不协调	11.19	13
	5	设计期间不组织召开设计、施工、运维方协调会议,未吸纳工程总包、运维方意见	6.94	39
	6	因需求改变导致设计阶段与施工阶段的设计变更	15.21	1
	7	甲方不遵循设计的客观规律和盲目要求(三边工程)	9.06	31
	8	对 BIM 总咨询/单项工程 BIM 咨询授权不明确,致使有关关联方绕过 BIM 总咨询/单项工程 BIM 咨询,不按规则实施 BIM	13.31	6
	9	BIM 实施项目管理组织机构中职责分工不明确	7.25	38
	10	出现负面议论后,甲方对 BIM 实施的决心和支持程度下降	8.31	35
BIM 总咨询/单项工程 BIM 咨询	11	缺乏 BIM 总体管理经验	13.69	4
	12	正向 BIM 实施经验不足,无法有效管理设计方 BIM 实施	11.5	10

续表 3-16

风险来源	序号	风险因素	*MS*	排序
BIM 总咨询/单项工程 BIM 咨询	13	缺乏对各参建方 BIM 应用成果的审核能力	10.81	16
	14	不能有效管控相关关联方的 BIM 实施	11.5	11
	15	指定或制定的相关标准、流程的滞后与粗放	10.81	17
	16	提供的 BIM 管理平台不能满足项目 BIM 管理需求	10.31	21
	17	对甲方和各参建方的培训达不到 BIM 正向实施要求	9.75	24
工程设计顾问	18	正向 BIM 实施经验不足	9.45	29
	19	缺乏对各参建方 BIM 应用成果的审核能力	9.3	30
单项工程设计总包	20	设计团队没有正向实施经验	10.78	19
	21	为赶设计进度，先绘制二维图，然后再根据二维图纸翻模	13.5	5
	22	由于现阶段施工图不能全部由模型切图生成，部分不是直接通过模型切图生成的施工图图纸（如结构施工图）不能保证图模一致	10.88	15
	23	不能全部实施规划的 BIM 应用点	8.44	34
	24	盲目相信分析、模拟软件输出结果	5.94	41
	25	缺乏对 BIM 模型的审核能力，只把施工图作为审核对象	8.25	36
	26	设计方的审核监督体制不完善	9.06	32
	27	设计总包无力协调设计分包 BIM 成果	9.94	23
	28	对施工方的设计交底不充分	5.56	42
	29	未能有效收集运维信息在项目竣工时交付给运维方	7.69	37
单项工程施工总包	30	BIM 实施经验不足，BIM 实施人员技术能力、沟通能力、管理能力不足	14.46	2
	31	施工深化设计不充分，存在变更、返工隐患	11.38	12
	32	不能及时更新施工模型，造成信息更新滞后、遗漏	11.69	8
	33	施工总包协调、审核施工分包 BIM 成果能力不足	9.69	25
	34	未能有效收集运维信息在项目竣工时交付给运维方	10.38	20
	35	项目竣工时交付的竣工 BIM 模型不完善	10	22
单项工程监理	36	缺乏 BIM 实施项目经验，不能协调、管理施工方的 BIM 工作及成果	11	14
单项工程造价咨询	37	缺乏 BIM 实施项目经验，不能用 BIM 计量结果与计量软件计量结果进行多算对比	9	33

续表 3-16

风险来源	序号	风险因素	*MS*	排序
单项工程运维	38	没有参加设计、施工阶段相关协调会议	9.69	26
	39	设计阶段，未明确设备维护所需的预留空间及设备属性	6.38	40
	40	竣工阶段，运维人员未参与验收设计、施工方交付的运维信息和竣工 BIM 模型	9.5	28
工程主供应商	41	设备供应商不能按时提供设备 BIM 模型	9.63	27
技术风险	42	BIM 软件间的 IFC 数据传递存在数据出错、丢失现象	14.19	3

3.5.2.3 风险等级划分

根据风险矩阵图分析中的风险等级确定方法，以及表 3-16 中统计出的风险综合水平指数，可对本项目中的 42 项风险因素进行风险等级划分，结果如图 3-10 所示。

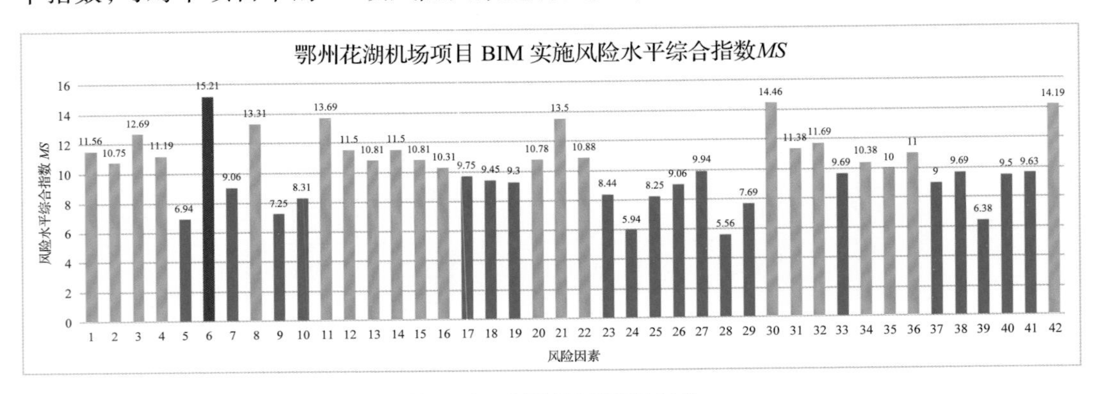

图 3-10 风险因素等级划分

根据统计结果，得到花湖机场项目 BIM 实施风险水平综合指数 $MS\geqslant10$ 的风险因素共 22 项，风险水平综合指数较大，表明风险也较大，应重点关注。根据风险等级确定方法，这些风险因素属于中等以上风险等级。其中，重大风险项，无。较大风险 1 项，为第 6 项：因需求改变导致设计阶段与施工阶段的设计变更。中等风险共 21 项，分别为第 30、42、11、21、8、3、32、1、12、14、31、4、36、22、13、15、20、2、34、16、35 项。本项目中，对中等风险及中等风险以上等级的风险因素予以重点关注，并提出相应的应对措施，对中等风险以下等级的风险因素予以加强监控，根据状态更新情况采取相应的措施。

作为一条总的原则，对任何严重性在中等以上的风险因素均应采取应对措施，根据风险水平综合指数分析结果，并结合前述风险矩阵图分析结果，第 27、17、33、25 项风险因素属于较小风险，虽发生可能性水平处于中等以下，但严重性水平处于中等以上，应予以重视。

因此，本项目中需要重点关注的风险因素共 26 项，包括 1 项较大风险、21 项中等风险，4项较小风险。对这26项风险因素按照风险水平综合指数进行排序整理，结果如表3-17所示。

表3-17 花湖机场项目BIM实施风险因素风险等级表

风险来源	序号	风险因素	*MS*	排序	风险等级
BIM实施甲方	6	因需求改变导致设计阶段与施工阶段的设计变更	15.21	1	较大风险
单项工程施工总包	30	BIM实施经验不足，BIM实施人员技术能力、沟通能力、管理能力不足	14.46	2	中等风险
技术风险	42	BIM软件间的IFC数据传递存在数据出错、丢失现象	14.19	3	中等风险
BIM总咨询/单项工程BIM咨询	11	缺乏BIM总体管理经验	13.69	4	中等风险
单项工程设计总包	21	二维图和模型不一致	13.5	5	中等风险
BIM实施甲方	8	对BIM总咨询/单项工程BIM咨询授权不明确，致使有关关联方绕过BIM总咨询/单项工程BIM咨询，不按规则实施BIM	13.31	6	中等风险
BIM实施甲方	3	与关联方签署的合同存在职责分配不清晰条款；合同没有明确规定BIM模型传递过程出现差错由哪方负责	12.69	7	中等风险
单项工程施工总包	32	不能及时更新施工模型，造成信息更新滞后、遗漏	11.69	8	中等风险
BIM实施甲方	1	缺乏BIM知识和BIM实施管理经验	11.56	9	中等风险
BIM总咨询/单项工程BIM咨询	12	正向BIM实施经验不足，无法有效管理设计方BIM实施	11.5	10	中等风险
BIM总咨询/单项工程BIM咨询	14	不能有效管控相关关联方的BIM实施	11.5	11	中等风险
单项工程施工总包	31	施工深化设计不充分，存在变更、返工隐患	11.38	12	中等风险
BIM实施甲方	4	项目管理流程与BIM管理流程不协调	11.19	13	中等风险
单项工程监理	36	缺乏BIM实施项目经验，不能协调、管理施工方的BIM工作及成果	11	14	中等风险
单项工程设计总包	22	由于现阶段施工图不能全部由模型切图生成，部分不是直接通过模型切图生成的施工图图纸（如结构施工图）不能保证图模一致	10.88	15	中等风险
BIM总咨询/单项工程BIM咨询	13	缺乏对各参建方BIM应用成果的审核能力	10.81	16	中等风险
BIM总咨询/单项工程BIM咨询	15	指定或制定的相关标准、流程的滞后与粗放	10.81	17	中等风险
BIM实施甲方	2	对关联方（单项工程BIM咨询、BIM总咨询、单项工程监理、单项工程设计总包、单项工程施工总包、工程主供应商、单项工程运维等）选择不当	10.75	18	中等风险

续表 3-17

风险来源	序号	风险因素	*MS*	排序	风险等级
单项工程设计总包	20	设计团队没有正向实施经验	10.78	19	中等风险
单项工程施工总包	34	未能有效收集运维信息在项目竣工时交付给运维方	10.38	20	中等风险
BIM 总咨询/单项工程 BIM 咨询	16	提供的 BIM 管理平台不能满足项目 BIM 管理需求	10.31	21	中等风险
单项工程施工总包	35	项目竣工时交付的竣工 BIM 模型不完善	10	22	中等风险
单项工程设计总包	27	设计总包无力协调设计分包 BIM 成果	9.94	23	较小风险
BIM 总咨询/单项工程 BIM 咨询	17	对甲方和各参建方的培训达不到 BIM 正向实施要求	9.75	24	较小风险
单项工程施工总包	33	施工总包协调、审核施工分包 BIM 成果能力不足	9.69	25	较小风险
单项工程设计总包	25	缺乏对 BIM 模型的审核能力，只把施工图作为审核对象	8.25	36	较小风险

根据风险来源统计 BIM 实施的风险因素，其中 BIM 实施甲方 6 项、BIM 总咨询/单项工程 BIM 咨询 7 项、设计方 5 项、施工方 6 项、工程监理 1 项、技术风险 1 项。

3.5.3 风险应对

3.5.3.1 风险应对措施

针对上述分析出的需重点关注的 26 项 BIM 实施风险因素，应采取相应的风险控制措施。本项目中的风险处理方法以预防为主，通过在风险发生前采取预防措施，以消除和减少损失发生的可能性及降低损失程度。将风险因素按照风险来源划分，重新编号，并针对上述各风险因素提出应对措施，明确责任主体，如表 3-18 所示。

表 3-18 花湖机场项目 BIM 实施风险应对措施

风险来源	序号	风险因素	风险等级	风险应对策略	责任主体
BIM 实施甲方	1	因需求改变导致设计阶段与施工阶段的设计变更	较大风险	针对新的需求进行充分评估，且做好不同业务部门之间的协调沟通，并对需求变更造成的进度、成本影响有理性认识，合理安排资源与节点	BIM 实施甲方
	2	对 BIM 总咨询/单项工程 BIM 咨询授权不明确，致使有关关联方绕过 BIM 总咨询/单项工程 BIM 咨询，不按规则实施 BIM	中等风险	在合同条款中应明确 BIM 总咨询/单项工程 BIM 咨询的职责权限，并在项目启动后，明确通知给各参建方，在 BIM 实施过程中如出现新的问题，应由 BIM 总咨询/单项工程 BIM 咨询与甲方商定	BIM 实施甲方

续表 3-18

风险来源	序号	风险因素	风险等级	风险应对策略	责任主体
BIM 实施甲方	3	与关联方签署的合同存在职责分配不清晰条款；合同没有明确规定 BIM 模型传递过程出现差错由哪方负责	中等风险	在与各参建方合同签订时，BIM 总咨询/单项工程 BIM 咨询应协助甲方进行合同条款的核实；各参建方应就合同条款中有争议的内容提前说明	BIM 实施甲方
	4	缺乏 BIM 知识和 BIM 实施管理经验	中等风险	甲方可招聘有相关 BIM 经验的管理人员，或通过 BIM 总咨询/单项工程 BIM 咨询的协助，增强 BIM 相关知识及管理能力	BIM 实施甲方
	5	项目管理流程与 BIM 管理流程不协调	中等风险	由 BIM 总咨询/单项工程 BIM 咨询制定 BIM 管理流程，并与甲方的项目管理流程进行协调，识别出有冲突或不明确的地方，与甲方共同协商进行明确	BIM 实施甲方 BIM 总咨询/单项工程 BIM 咨询
	6	对关联方（BIM 顾问方、设计方、施工方、工程监理、造价方、设备供应商等）选择不当	中等风险	在进行招标时，应由甲方与 BIM 总咨询/单项工程 BIM 咨询共同对各参建方的 BIM 能力进行考察，制定相关的考察标准以及考察内容，减少招标带来的风险	BIM 实施甲方
BIM 总咨询/单项工程 BIM 咨询	7	缺乏 BIM 总体管理经验	中等风险	招聘有相关经验的管理人员，并通过完善 BIM 实施方案、明确协同流程等方式，提高自身的管理能力	BIM 总咨询/单项工程 BIM 咨询
	8	正向 BIM 实施经验不足，无法有效管理设计方的 BIM 实施	中等风险	①在设计方招标时充分考察设计方的 BIM 实施能力； ②在 BIM 实施方案中明确设计各阶段的实施流程及 BIM 应用内容，协同甲方建立设计方的 BIM 管理机制	BIM 总咨询/单项工程 BIM 咨询
	9	不能有效管控相关关联方的 BIM 实施	中等风险	①制定 BIM 管理流程，并与甲方、各参与方进行协调明确，在合同条款中明确各方的职责权限； ②设置 BIM 实施项目管理组织机构，在 BIM 实施过程中严格管控各参建方的实施	BIM 总咨询/单项工程 BIM 咨询
	10	缺乏对各参建方 BIM 应用成果的审核能力	中等风险	由 BIM 总咨询/单项工程 BIM 咨询内部的专家或外聘专业人员，对咨询团队内部的人员进行培训，制定相关的审核标准与机制，提高对相关 BIM 成果的审核能力	BIM 总咨询/单项工程 BIM 咨询

续表 3-18

风险来源	序号	风险因素	风险等级	风险应对策略	责任主体
BIM 总咨询/单项工程 BIM 咨询	11	指定或制定的相关标准、流程的滞后与粗放	中等风险	在项目前期，由 BIM 总咨询/单项工程 BIM 咨询制定相关的标准与流程，并通过甲方的审核验收。在项目实施期间，可根据实际情况进行更新，并协同甲方、各参与方共同商定	BIM 总咨询/单项工程 BIM 咨询
	12	提供的 BIM 管理平台不能满足项目 BIM 管理需求	中等风险	BIM 总咨询/单项工程 BIM 咨询应提供BIM管理平台，在正式投入使用之前应进行测试，并由甲方进行检查，保证 BIM 实施所需的功能	BIM 总咨询/单项工程 BIM 咨询
	13	对甲方和各参建方的培训达不到 BIM 正向实施要求	较小风险	项目前期及项目实施过程中加强对甲方及各参建方的培训，针对不同关联方制订相应的培训计划并上报甲方批准，培训后检查各方的培训效果，并达到甲方的要求	BIM 总咨询/单项工程 BIM 咨询
单项工程设计总包	14	为赶设计进度，先绘制二维图，然后再根据二维图纸建模	中等风险	在设计阶段，由 BIM 总咨询/单项工程 BIM 咨询代表驻场，每周抽查 BIM 模型质量，检验各专业模型协调情况	单项工程设计总包
	15	由于现阶段施工图不能全部由模型切图生成，部分不是直接通过模型切图生成的施工图图纸（如结构施工图）不能保证图模一致	中等风险	应允许施工图纸经过 CAD 等专业绘图软件进行完善，但原始图纸必须由 BIM 模型生成，保证 BIM 正向实施，并且所有图纸中后续新增加的构件等，须在模型中体现	单项工程设计总包
	16	设计团队没有正向实施经验	中等风险	①在招标时应充分考察设计团队的 BIM 正向实施能力，通过小型项目试设计，评估设计团队正向BIM实施能力； ②如缺乏BIM正向实施经验，在项目设计前期，可由 BIM 总咨询/单项工程 BIM 咨询进行培训或提供相关培训资源	BIM 实施甲方/单项工程设计总包
	17	设计总包无力协调设计分包 BIM 成果	较小风险	在设计招标时，充分考察设计方及设计分包的 BIM 能力。必要时，设计方应聘请专业人员进行设计分包成果的协调	BIM 实施甲方/单项工程设计总包
	18	缺乏对 BIM 模型的审核能力，只把施工图作为审核对象	较小风险	通过培训，提高设计人员模型审核能力。施工深化设计阶段，设计单位需参与到深化模型的审核流程中，加强其设计责任	单项工程设计总包

续表 3-18

风险来源	序号	风险因素	风险等级	风险应对策略	责任主体
单项工程施工总包	19	BIM 实施经验不足，BIM 实施人员技术能力、沟通能力、管理能力不足	中等风险	在总包招标时，充分考察施工总包的 BIM 实施能力和管理能力。必要时，施工总包应聘请专业 BIM 人员进行本项目的 BIM 实施工作	BIM 实施甲方/单项工程施工总包
	20	不能及时更新施工模型，造成信息更新滞后、遗漏	中等风险	BIM 总咨询/单项工程 BIM 咨询、工程监理应加强对施工方 BIM 模型的监督与审核，出现信息滞后、遗漏等现象时及时通知甲方，要求施工方进行整改	单项工程施工总包
	21	施工深化设计不充分，存在变更、返工隐患	中等风险	施工总包负责审核各分包的 BIM 成果，BIM 总咨询/单项工程 BIM 咨询、工程监理负责监督审核施工方的成果，并在实施过程中严格把控模型质量	单项工程施工总包
	22	未能有效收集运维信息在项目竣工时交付给运维方	中等风险	吸收 IPD 思想，要求运维方在设计阶段、施工阶段提出意见，并参与相关 BIM 模型的验收	单项工程施工总包
	23	项目竣工时交付的竣工 BIM 模型不完善	中等风险	BIM 总咨询/单项工程 BIM 咨询、工程监理、设计方、运维方等均应参与对施工方竣工模型的审核，形成审核意见。施工方对模型不完善的内容及时整改，保证竣工交付	单项工程施工总包
	24	施工总包协调、审核施工分包 BIM 成果能力不足	较小风险	在施工招标时，充分考察施工总包及各施工分包的 BIM 能力。必要时，施工总包应聘请专业人员进行各分包成果的协调、审核	单项工程施工总包
单项工程监理	25	缺乏 BIM 实施项目经验，不能协调、管理施工方的 BIM 工作及成果	中等风险	招标时，加强对工程监理的 BIM 实施能力的考核。必要时，工程监理应进行 BIM 专项培训，增强施工阶段 BIM 实施的管理能力	单项工程监理
技术风险	26	BIM 软件间的 IFC 数据传递存在数据出错、丢失现象	中等风险	各参建方在选用 BIM 软件时，应遵循 BIM 总咨询/单项工程 BIM 咨询指定的软件范围与版本；在 BIM 数据存储与交换时，应遵循 BIM 总咨询/单项工程 BIM 咨询制定的相关标准，以降低互通性不完善导致的影响	BIM 总咨询/单项工程 BIM 咨询

3.5.3.2 风险监控跟踪

风险监控是工程项目风险管理的一项重要工作，本过程需要在整个项目期间开展。

风险监控实际是监视项目的进展和项目环境，即项目情况的变化，其目的是：核对风险管理措施的实际效果是否与预估的相同；寻找机会改善和细化风险措施；获取反馈信息，以便将来的决策更符合实际。在风险监控过程中，及时发现新出现的以及预先制定的措施不见效或者性质随着时间的推延而发生变化的风险因素，然后及时反馈，并根据对项目的影响程度，重新进行风险的识别、评估分析和应对。

风险监控应建立监控机制，确定各风险因素的责任主体、风险监视人员等。在项目风险监控过程中，应逐步形成、完善风险管理控制表，并根据项目阶段要求形成风险报告。

首先应建立风险监控机制，由甲方、BIM 总咨询/单项工程 BIM 咨询、各参与方共同组成监控管理组织。甲方负责风险监控的整体掌控，协调各方资源进行风险应对；单项工程BIM咨询负责风险监控的监督，应能根据BIM实施情况随时把握各类风险的执行情况及状态；各参与方负责具体应对措施的执行，并对风险处置效果和状态及时反馈。

其次在 BIM 实施过程中，应采用项目执行期间生成的信息将风险登记表细化成风险管理控制表（表 3-19），对 BIM 实施工作进行持续监督，来发现新出现、正变化和已过时的风险因素。随时添加、更新风险监控的内容，应包括：

（1）针对各风险采取的具体措施、实施者、实施时间等；

（2）已识别风险的状态是否已改变；

（3）确认风险跟踪监督的负责人；

（4）是否出现新的项目风险。

表 3-19　风险管理控制表样例

风险来源	风险描述			解决方案和状态更新				
	编号	风险因素	风险等级	应对策略	责任主体	状态更新	跟踪人	备注
××								
××								

此外，应根据项目各阶段的要求，在项目阶段前期或里程碑节点处形成风险报告，用来向甲方和各参与方成员传达风险信息。风险报告的形式可分为多种，应视接受报告人的需要决定，风险管理控制表也可作为报告的一种形式。

3.5.3.3 风险处置预案

在风险监控过程中，除对主要风险因素采取相应的应对措施外，还应对关键风险设置处置预案，以便在风险发生时及时执行，减小风险带来的影响。

处置预案中，应明确适用于何种风险因素，何时启动相关处置预案。成立相关的指挥机构、明确各部门的职责，明确风险处置工作流程，以及采取的相关措施。在采取措施后，对风险进行监督，更新风险状态，并定期形成工作报告上报指挥机构，根据风险的状态及时调整措施。

例如，在BIM实施甲方合理安排资源及节点的前提下，BIM实施经验不足，BIM实施人员技术能力、沟通能力、管理能力不足，是本项目最大的实施风险，可能导致BIM正向实施失败，对于该风险的处置预案内容包括如下：

（1）明确预案适用范围

本预案适用于由单项工程设计总包方BIM正向实施能力不足导致BIM正向实施失败的情况。

（2）启动处置预案

在BIM实施过程中监督该项风险，当出现由于单项工程设计总包方BIM正向实施能力不足导致设计质量不高、进度严重滞后，或设计方主动上报甲方，提出能力不足等情况时，应立即启动处置预案。

（3）风险处置工作流程

A.上报：首先由单项工程BIM咨询或设计方将该风险上报甲方。

B.成立指挥机构：甲方负责组织成立相关指挥机构，一般由甲方、BIM总咨询/单项工程BIM咨询、设计方共同组成指挥机构，并明确各方的职责。

C.分析风险状态：由单项工程BIM咨询向甲方汇报风险情况，分析风险原因、影响，并初步提出处置措施。由甲方明确各方所需承担的责任。

D.明确处置措施：由四方共同协商确定相关措施，如由单项工程BIM咨询组建BIM实施团队与设计方组成设计联合体，由设计方负责专业设计，单项工程BIM咨询负责建模和出图，共同完成BIM正向实施。风险管理流程示例如图3-11所示。

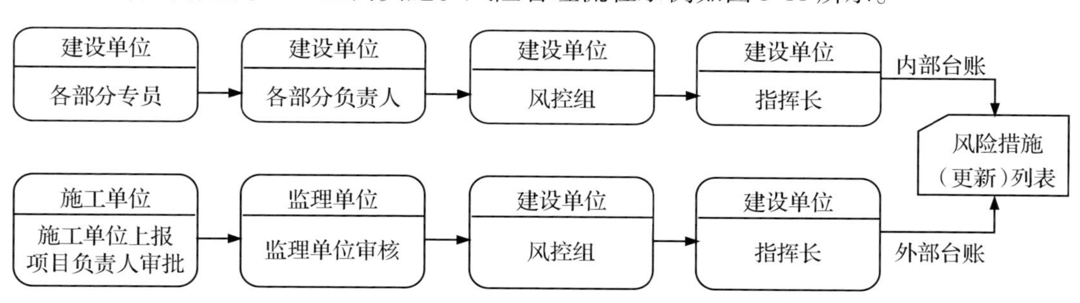

图3-11 花湖机场风险管理流程示例

3.6 BIM 实施的预期经济效益分析

3.6.1 效益评估原则

3.6.1.1 完整性原则

BIM 技术应用是一个系统工程,包含技术实施模式、应用标准和相关技术工具。构建 BIM 经济效益评估方案必须涵盖 BIM 所涉及的直接和间接的技术应用价值,完整地反映 BIM 应用效益的表现方式、实现路径、基本特征等各方面,使得 BIM 经济效益评估方案完整可行。因此,须考虑选取切合 BIM 技术应用的现实状况指标,并保证所构建的指标中各项指标既是相互影响,又不形成重复交叉,保持完整独立性。

3.6.1.2 可行性原则

一般地,信息技术效益评估指标覆盖直接经济效益、间接经济效益等多方面指标,并且指标均可定性/定量化。如果所获指标不具备定性或定量的计算可能性,无法利用评估对象表现的有效数据,那么该指标不应纳入评估体系。同理,若考量的指标存在多种测算路径或容易造成评估分歧,该指标也不应成为评估指标。

3.6.1.3 层次性原则

一个完整的指标评估体系由多方面的指标构成,指标种类繁多、关系复杂。因此,构建指标评估体系时,需要对所有指标进行归类,梳理指标间相互依存的关系,使得同类指标整齐划一、不同指标层层递进,共同反映评估对象的状态、程度和发展趋势等整体情况。

3.6.2 效益评估指标体系构成

BIM技术应用的核心目标就是通过信息化技术,提高建筑性能和设计质量、减少施工问题、按时竣工,提高运营管理品质。考虑到工程效益评估的特点,本方案从目标层、阶段层、评价层三个维度进行 BIM 价值体系的构建,如图 3-12 所示。

3.6.3 效益评估的内容

3.6.3.1 设计阶段 BIM 应用效益的主要评估内容

BIM在设计阶段可以延伸出许多应用,但有一些应用的应用价值不明显,所以评估的意义并不大,本节主要是对 BIM 应用效益比较明显的价值进行评估。

(1)质量效益评估

设计阶段应用 BIM 的主要目标是提升设计品质,降低设计变更率。主要途径是利用 BIM 的优势优化设计方案、校验设计图纸。以此目标为导向，建立如表 3-20 所示评估体系。

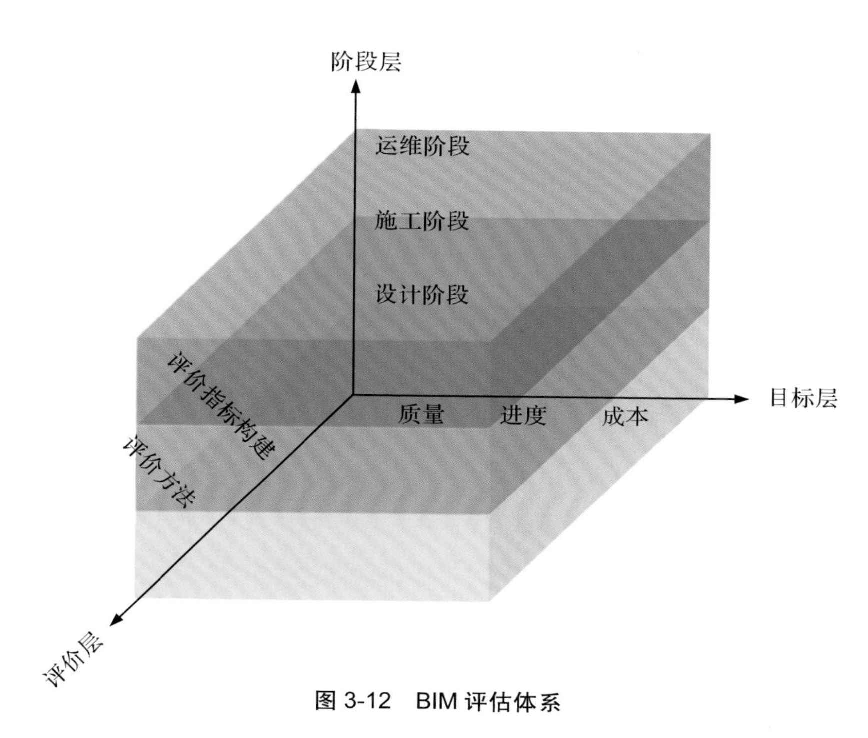

图 3-12 BIM 评估体系

表 3-20 设计阶段 BIM 应用质量效益评估

阶段	评估内容	指标类型	评估方法
初步设计阶段	BIM 优化设计	定性	BIM 优化结果的真实可靠性 BIM 优化结果是否被采纳
施工图设计阶段	各专业设计“平立剖”图纸一致程度	定量	解决“平立剖”图纸不对应的错误数量
	管线综合图纸碰撞解决百分比	定量	图纸碰撞协调后的碰撞数量/协调前的碰撞数量
	设计错误类变更减少率	定量	发现的设计错误数量/(发现的设计错误数量+施工阶段产生的设计错误类变更数量) (需要跟踪到施工阶段)

(2)进度效益评估

在设计阶段应用BIM技术，能够有效提升各参与方之间的信息传递效率，同时利用可视化手段可提升专业间冲突的解决效率，从而整体提升设计阶段工作效率，加快设计进度。具体的评估如表 3-21 所示。

表 3-21 设计阶段 BIM 应用进度效益评估

阶段	评估内容	指标类型	评估方法
初步设计阶段	设计单位和建设单位初设方案设计协调时间	定性	应用 BIM 后的设计协调时间与应用 BIM 前所需时间对比
	建设单位初设协调确认及设计单位修改时间	定性	应用BIM后的设计协调时间及修改时间与应用 BIM 前所需时间对比
施工图设计阶段	各专业施工图设计协调时间	定性	应用BIM后的各专业施工图设计协调时间与应用 BIM 前所需时间对比
	与建设单位协调及施工图过程修改时间	定性	应用BIM后的建设单位协调及施工图过程修改所需时间与应用 BIM 前所需时间对比
	设计变更图纸所需时间	定量	由应用 BIM 后设计变更减少所节省的时间+设计变更时应用 BIM 节省的时间

(3)成本效益评估

设计阶段的 BIM 应用能够带来的成本效益更多地体现在间接效益上，需要结合施工阶段的跟踪指标来进行评估，比如由于避免设计变更引起施工返工，返工成本可以进行定量化的评估。具体的评估如表 3-22 所示。

表 3-22 设计阶段 BIM 应用投资效益评估

阶段	评估内容	指标类型	评估方法
设计阶段	对设计的优化避免后期的拆改行为的发生	定量	拆改的工程量估算：人工成本、材料成本等
	设计时间缩短带来的效益	定量	通过设计时间缩短节约整个项目周期，按照节约天数计算效益
	由减少设计变更避免的施工返工造成的损失	定量	返工成本估算：人工成本、材料成本、机械设备占用成本等

3.6.3.2 施工阶段 BIM 应用效益的主要评估内容

施工阶段应用 BIM 技术能够起到的作用较多，产生的效益也是多方面的。本节仅从建设单位所关注的角度进行评估。

(1)质量效益评估

施工阶段的 BIM 应用能够促进施工质量的提高。由于可视化交底技术的利用，各参与方能够准确领会图纸设计意图，提高按图施工的准确性。同时能够利用可视化质量检查手段进行质量把控。因此对于施工质量的提升主要由按图施工程度进行评估。具体的评估如表 3-23 所示。

表 3-23 施工阶段 BIM 应用质量效益评估

阶段	评估内容	指标类型	评估方法
施工阶段	按图施工程度的提升	定性	应用BIM后施工情况与应用BIM前的施工情况对比

(2)进度效益评估

施工阶段的BIM应用,能够有效减少施工单位消化理解施工图纸的时间,节省由设计变更产生的审批和工程拆改时间,节省施工方案核定的时间,同时利用施工工序模拟还能节省施工阶段工序安排不合理所浪费的时间。具体的评估如表 3-24 所示。

表 3-24 施工阶段 BIM 应用进度效益评估

阶段	评估内容	指标类型	评估方法
施工阶段	施工图交底、施工单位消化理解图纸时间	定量	应用BIM后施工图交底及施工单位消化理解图纸所需时间与应用BIM前所需时间进行对比
	设计变更影响时间	定量	应用BIM后设计变更核定审批流程节省的时间+由施工图校核减少的变更部分产生的变更核定和工程拆改时间
	施工方案核定时间	定性	应用BIM后的施工方案核定所需时间与应用 BIM 前所需时间对比
	工序模拟优化后带来的时间节省	定量	应用BIM工序优化后带来的施工时间的节省

(3)投资效益评估

施工阶段 BIM 应用给建设方带来的投资效益主要体现在预算工作量的节省、预算计算准确率的提升、变更计算准确率的提升上。具体的评估如表 3-25 所示。

表 3-25 施工阶段 BIM 应用投资效益评估

阶段	评估内容	指标类型	评估方法
施工阶段	预算工作量减少率	定量	应用 BIM 后预算所需时间/应用 BIM 前预算所需时间
	预算计算结果准确率的提升	定量	应用 BIM 校验后的预算计算结果/应用 BIM 前的预算计算结果（取绝对值）
	变更计算准确率的提升	定量	应用 BIM 校验后的变更工程量计算结果/应用 BIM 前的变更工程量计算结果（取绝对值）

3.6.4 经济效益分析

3.6.4.1 经济效益目标

在工程建设领域，BIM 等数字化技术的引入对项目整体的经济效益提升有很重要的作用。根据对国内外相关统计数据分析，一般而言合理化的 BIM 实施能够实现 5~10 倍的投资回报率。参考普华永道的统计数据类比，本项目 BIM 的实施预计会节省约 5% 的建设成本，项目总进度预计缩短约 5%。经济效益可观。

其中经济效益分为技术效益、资源效益、管理效益、组织效益、发展效益五个方面，措施目标的达成有助于其效益的提升。经济效益的分类及措施详见表 3-26。

表 3-26 经济效益指标分类

	指标	目标
经济效益	技术效益	减少变更返工 提高可视化 节约工期 提高工程质量
	资源效益	节约材料物资 节约劳动力
	管理效益	提高生产效率 加强工程资料存储 加强安全管理 可持续建设
	组织效益	减少信息请求 利于沟通协调
	发展效益	培养 BIM 方面人才 企业实力、社会声誉 项目决策 提高客户满意度

3.6.4.2 经济效益评估方法

对于整个工程项目，工程经济中定量效益评估方法主要分为静态评估与动态评估两种。其中静态评估包括投资回收期、总投资收益率、差额投资期、计算费用；动态评估包括现值法、未来值法、内部收益率法和年值比较法。

由于工程成本影响指标较多，资金对时间的价值难以估量，考虑投资与成本的关系，可采用以总投资收益率的方法进行经济效益评估，受限于本项目的实施进度，现将其方法做如下简述。信息技术应用效益即应用该信息技术后产生的净收益与其消耗成本的比值，计算公式为：$ROI=(Y-X)/X$。其中 Y 为收益，X 为成本。结合 3.6.4.1 小节的经济效益目标，可对各效益目标达成后的经济效益进行量化评估。

3.6.4.3 经济影响评估

项目全生命周期大体上可分为项目决策阶段、项目实施阶段及项目运营阶段，如图 3-13 所示。BIM 技术的应用使得其经济影响贯穿于项目的始终。针对项目全生命周期各阶段的具体情况，BIM 技术的经济影响可归纳为以下几点：

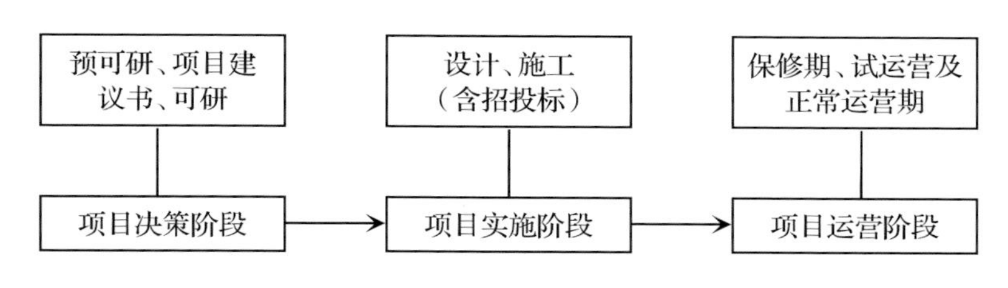

图 3-13 项目全生命周期

在项目决策阶段，BIM 技术的应用可提高 BIM 实施甲方与设计人员之间的沟通效率，通过沟通完善模型进一步体现甲方需求，以三维模型这一直观的成果进行比选，为后期项目的实施奠定了良好的基础。

在项目实施阶段，BIM 的系统设计功能将各种数字模型信息整合为统一的建筑信息模型，实现了单一数据平台上各个工种的协调设计和数据集中管理。数据来源的唯一性确保相关人员使用数据的一致性，真正意义上实现协同设计，有效提高设计效率及设计质量。

BIM技术可对专业内、专业间的硬碰撞（即实体与实体的碰撞）和软碰撞（实体之间不碰撞，但是实体之间的间距与空间无法满足施工或维修的要求等）进行全面检查，规避构件间的相互冲突，大大减少设计变更，最大限度地避免了现场返工和工程签证，对于加快施工进度、降低现场管理负荷、消除预算外变更发挥了关键作用。

BIM技术等数字化技术可实现快速、精准提取数据，避免大量的手工统计计算重复劳动，减少漏算或错算的可能性。

项目建筑投用后，BIM 中的空间跟踪、资产管理维护、状态记录、灾难模拟将发挥重要的作用，并为建筑运营管理提供数据支持。不仅可以降低运营成本，还能为新建类似项目提供理论数据基础。

4 花湖机场BIM技术标准体系专题策划

推进 BIM 普及应用，标准是关键因素之一。BIM 标准是“为了在一定范围内获得 BIM 应用的最佳秩序，经相关组织协商一致制定并批准的文件”。BIM 标准为 BIM 应用的各种活动或其结果提供规则、指南或规范，解决 BIM 技术研究与应用问题的同时，让与 BIM 标准相关的产品或服务能加速产业化。

为此，本章基于花湖机场 BIM 技术标准体系专题策划需求，首先通过梳理国内外 BIM 标准体系，归纳总结了机场建设行业标准体系。然后，结合花湖机场 BIM 实施阶段，系统提出了模型结构标准、模型分类与编码标准、数据存储与交换标准、模型管理标准及模型精度标准等标准。

本章在对国内外 BIM 标准体系与机场建设行业标准体系进行细致调研的基础上，基于花湖机场 BIM 技术实施需求，形成花湖机场 BIM 技术标准体系，为花湖机场 BIM 技术实施和应用实践奠定了良好的基础。

4.1 国内外行业标准体系简介

BIM 标准大致可分为三类：第一类是基础标准，如信息分类与编码标准 IFD、数据交换标准 IFC 等，如我国已经发布的《建筑信息模型分类与编码标准》，这些标准主要是指导 BIM 软件产品研发的基础标准；第二类是数据交换的需求 IDM，如我国已发布的《建筑信息模型应用统一标准》等，这类标准主要说明 BIM 应用的一般性规则和方法；第三类是专用标准，如《建筑信息模型施工应用标准》，这类标准用于指导具体的工程应用。

4.1.1 国外 BIM 标准体系简介

从 1997 年相关国际组织发布了工业基础分类 IFC 标准后，BIM 标准的研究便在国内外逐渐萌生。在 BIM 标准发展上，各国研究 BIM 的范围和目的存在一定差异，但都取得了一定成果。

2006 年美国国家标准与技术研究院开始制定 BIM 应用标准 NBIMS（National Building Information Modeling Standard），初步形成了美国国家 BIM 应用标准体系，它也是世界上

第一部国家BIM标准。2008 年，美国承包商协会颁布BIM合同条款“Building Information Modeling（BIM）Protocol Exhibit”；2009 年，美国洛杉矶大学制定 BIM 实施标准“LACCD Building Information Modeling Standards for Design Projects”。

2000 年，英国颁布了《建筑工程施工工业（英国）CAD 标准》[AEC（UK）CAD]；2009 年，颁布《建筑工程施工工业（英国）建筑信息模型规程》[AEC（UK）BIM 标准]第一版；2010 年，发布基于 Revit 的 BIM 标准：“AEC（UK）BIM Standard for Revit”；2012 年，发布《建筑工程施工工业（英国）建筑信息模型规程》[AEC（UK）BIM Standard]第二版；2012 年，发布基于 Bentley 的 BIM 标准：“AEC（UK）BIM Standard for Bentley Building”。

新加坡BIM标准由新加坡建设局（BCA）制定，是以英国 AEC 行业自行编制的指导手册为基础，增补了部分建模的内容，标准共分为四个部分：新加坡BIM导则、BIM电子审批提交导则、机电设计图元库及 BIM 基本导则。综合来说，新加坡 BIM 导则编制细致，可操作性强，但仅限于 BIM 设计数据的建立，也无编码方面的具体要求。

此外，其他国家也相继出台了 BIM 政策，如 2009 年挪威发布“BIM Manual1.1”，并在 2011 发布“BIM Manual1.2”；2012 年，澳大利亚发布《国家BIM行动方案》；2017 年，俄罗斯在建筑合同条款中加入 BIM 相关条款。

4.1.2 国内 BIM 标准体系简介

根据住房和城乡建设部《关于印发 2012 年工程建设标准规范制订修订计划的通知》（建标〔2012〕5 号），立项了 5 本有关BIM的国家标准，分别为《制造工业工程设计信息模型应用标准》、《建筑信息模型应用统一标准》、《建筑工程信息模型存储标准》（后更名为《建筑信息模型存储标准》）、《建筑工程设计信息模型交付标准》（后更名为《建筑信息模型设计交付标准》）、《建筑工程设计信息模型分类和编码标准》（后更名为《建筑信息模型分类和编码标准》）。

根据住房和城乡建设部《关于印发 2013 年工程建设标准规范制订修订计划的通知》（建标〔2013〕6 号），立项编制了国家标准《建筑信息模型施工应用标准》。根据住房和城乡建设部《关于印发 2015 年工程建设标准规范制订修订计划的通知》（建标〔2014〕189 号），立项编制了行业标准《建筑工程设计信息模型制图标准》。

4.1.2.1 《建筑信息模型应用统一标准》（GB/T 51212—2016）

该标准于 2016 年 12 月 2 日正式发布，2017 年 7 月 1 日正式实施。该标准主要内容为对建筑工程建筑信息模型在工程项目全生命周期的各个阶段建立、共享和应用进行统一规定，包括模型的数据要求、模型的交换及共享要求、模型的应用要求、项目或企业具体实施的其他要求等，其他标准应遵循统一标准的要求和原则。其只规定核心的原则，不规定具体细节。

该标准也代表国家对于 BIM 发展的主要态度，如按专业拆分软件，不搞大一统，让软件符合现有标准和人员的操作习惯，一切以符合国情和可操作为基础，然后整体上解决数据互用问题等。该标准更多考虑国内建筑产业的现状，是国内各方现有利益平衡后的结果，但前瞻性与未来性的考虑却不多；另外该标准也主要从建设领域出发，具有一定的局限性；随着科技应用的快速深入，该标准应该会陆续修订。

该标准是我国第一部建筑信息模型应用的工程建设标准，提出了建筑信息模型应用的基本要求，是建筑信息模型应用的基础标准，可作为我国建筑信息模型应用及相关标准研究和编制的依据。

4.1.2.2 《建筑信息模型存储标准》（GB/T 51447—2021）

该标准于 2021 年 9 月 8 日正式发布，2022 年 2 月 1 日正式实施。该标准基于 IFC，针对建筑工程对象的数据描述架构（Schema）做出规定，以便于信息化系统能够准确、高效地完成数字化工作，并以一定的数据格式进行存储和数据交换。

4.1.2.3 《建筑信息模型分类和编码标准》（GB/T 51269—2017）

该标准于 2017 年 11 月 17 日正式发布，2018 年 5 月 1 日正式实施。该标准对应的是国际上的 IFD（国际语义框架）标准。依据该标准，企业可把建筑工程的设计信息进行有效分类、数字化编码，从而保障设计信息在相关各方之间准确、迅速地传递。

该标准规定了各类信息的分类方式和编码办法，这些信息包括建设资源、建设行为和建设成果。该标准是对建筑全生命周期进行编码，除模型和信息编码，还有项目所涉及的人和事编码。对于信息的整理、关系的建立、信息的使用都起到了关键性作用。该标准考虑了国内现行的建筑工程主要编码体系，同时也参考了美国 Omni Class 建筑分类体系，既体现中国建筑业现状，又兼顾了中国 BIM 标准应用中与国际接轨的需求。

4.1.2.4 《建筑信息模型设计交付标准》（GB/T 51301—2018）

该标准含有 IDM 的部分概念，也包括设计应用方法，规定了交付准备、交付物、交付协同三方面内容，包括建筑信息模型的基本架构（单元化）、模型精细度（LOD）、几何表达精度（Gx）、信息深度（Nx）、交付物、表达方法、协同要求等。

该标准指明了“设计 BIM”的本质，是建筑物自身的数字化描述，从而在 BIM 数据流转方面发挥了标准引领作用。其梳理了设计业务特点，同时面向 BIM 信息的交付准备、交付过程、交付成果均做出了规定，行业标准《建筑工程设计信息模型制图标准》是该标准的细化和延伸。

4.1.2.5 《制造工业工程设计信息模型应用标准》（GB/T 51362—2019）

该标准提出适用于制造工业的工程工艺设计和公用设施设计信息模型应用及交付过程的标准。

4.1.2.6 《建筑信息模型施工应用标准》(GB/T 51235—2017)

该标准适用于施工阶段 BIM 的创建、使用和管理,面向施工和监理,规定其在施工过程中该如何使用BIM模型中的信息,以及如何向他人交付施工模型信息,包括深化设计、施工模拟、预加工、进度管理、成本管理等方面。

该标准是我国第一部施工领域 BIM 应用的工程建设标准。该标准提出了建筑工程施工信息模型应用的基本要求,可作为我国施工领域 BIM 应用及相关标准研究和编制参考。

4.1.2.7 《建筑工程设计信息模型制图标准》(JGJ/T 448—2018)

该标准属于行业标准,制定目的是为了统一 BIM 的表达,保证表达质量,提高信息传递效率,协调工程各参与方识别设计信息的方式,适应工程建设的需要。模型制图标准既要符合现行的二维制图标准,又要充分适合 BIM 技术的使用特征。在表达方式上,将二维方式和三维方式结合在一起,结合互联网、集成交付等模式,保障信息能够充分而准确地传递。

4.1.3 机场建设行业标准体系

为贯彻落实《国务院办公厅关于促进建筑业持续健康发展的意见》(国办发〔2017〕19 号)、《住房和城乡建设部关于印发推进建筑信息模型应用指导意见的通知》(建质函〔2015〕159 号)、《中国民用航空发展第十三个五年规划》、《民航局关于印发新时代民航强国建设行动纲要的通知》(民航发〔2018〕120 号)、《民航局关于印发机场新技术名录指南(2018—2020 年度)的通知》(民航发〔2018〕82 号),以及国家民航局关于建立平安机场、绿色机场、智慧机场、人文机场标杆体系的要求,推动 BIM 在民用运输机场工程建设中的应用,全面提高民用运输机场工程建设、设计、施工、运维等单位的 BIM 应用能力,规范 BIM 应用环境,发挥 BIM 在“四型机场”建设中的应用价值,民航局机场司组织行业单位和专家充分借鉴国内外 BIM 标准、指引、导则、指南等编制和应用经验,在总结民用运输机场工程BIM应用实践经验和研究成果的基础上,筹划了民用运输机场 BIM 应用标准体系,该标准体系包括《民用运输机场建筑信息模型应用统一标准》《民用运输机场建筑信息模型设计应用标准》《民用运输机场建筑信息模型施工应用标准》和《民用运输机场建筑信息模型运维应用标准》,目前该标准体系中的《民用运输机场建筑信息模型应用统一标准》(MH / T 5042—2020)已于 2020 年 3 月 1 日正式发布实施,其他相关标准也会陆续发布。该标准体系的发布将会填补民航机场建设领域 BIM 应用标准的空白。

4.2 花湖机场 BIM 标准体系构建

针对花湖机场各单项工程业态，机场建设方组织咨询单位编制花湖机场BIM技术标准体系。BIM 标准体系是对一个完整的 BIM 模型按照工程、建造及构件等属性进行结构化分解而形成的体系框架。同时项目管理平台数据库的搭建也是遵循此标准设置的层级结构，为将来模型数据的检索提供便利。

该标准体系主要包括模型结构标准、模型分类与编码标准、数据存储与交换标准、模型管理标准和模型精度标准，如图 4-1 所示。该标准体系奠定了花湖机场工程数字化应用的技术基础。

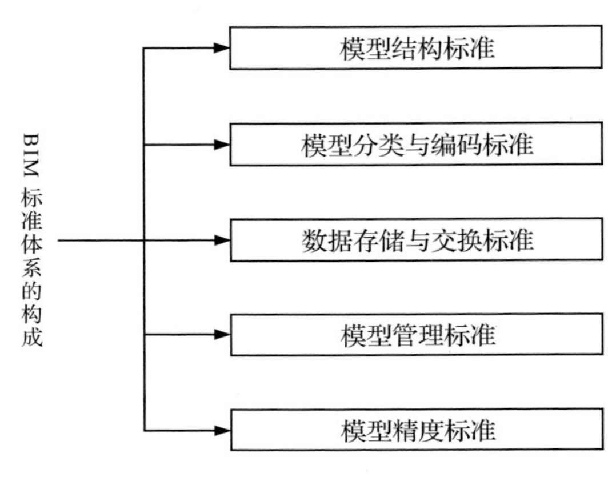

图 4-1 BIM 标准体系的构成

4.2.1 模型结构标准

为应用 BIM 技术提供基础架构，遵循“开放式模型结构”和“全生命周期应用管理”的理念，确保各 BIM 关联方、各阶段和各项目任务之间对于 BIM 成果（模型及其信息）能够信息交换共享、模型整合和应用协同，并在全生命周期内能够实现模型、应用和BIM 技术工具的可持续升级扩展，而编制模型结构标准。该标准适用于机场项目的设计、施工、竣工、运维全生命周期内的建筑 BIM 模型建立与维护。

4.2.2 模型分类与编码标准

为规范机场项目 BIM 应用的统一性、规范性、可持续性，实现建筑工程全生命周期信息的交换与共享，推动 BIM 的应用发展，提高 BIM 技术应用效益，特制定该标准。

该标准适用于 BIM 建筑信息的分类、编码及组织，包括分类编码的目的及对象，分类编码的方法，工程构件代码、编码的生成及维护等内容。

本项目中，BIM分类、编码和组织，除应符合该标准外，尚应符合国家现行有关标准的规定。

4.2.3 数据存储与交换标准

BIM 模型数据应满足数据互用的要求，模型数据应根据 BIM 应用和管理的需求存储。模型数据的存储应采用通用格式，并应满足数据安全的要求。

BIM 存储标准是为 BIM 数据实现集成管理服务，信息交换需求决定了信息存储需求。不同的应用程序之间进行信息交换即数据互通的实现需要将涉及的应用程序内部数据结构与通用的数据模型相映射。

BIM数据文件的命名规则、组织方式需要建立统一的标准，以满足协同设计的需求。BIM数据存储应遵循统一的标准分专业、分阶段、分类别建立各方可良好沟通的数据组织形式。

BIM 模型数据是基于对象进行描述的，基于对象的子模型信息交换是 BIM 信息交换的发展趋势。

4.2.4 模型管理标准

为规范机场项目实施过程中 BIM 模型及相关文件的管理，统一各 BIM 实施关联方所提交文件的名称，制定该标准。

该标准适用于机场项目在设计、施工、竣工交付过程中产生的BIM模型及相关文件管理工作。其主要包括项目文件夹的管理、文件管理及命名原则、模型创建管理、模型拆分及整合、模型整体应用等内容。

BIM 模型管理的设置，除应符合该标准外，尚应符合国家现行有关标准的规定。

4.2.5 模型精度标准

为规范 BIM 实施过程中各阶段 BIM 模型内容及精细程度，明确 BIM 实施关联方的具体交付要求，制定该标准。

该标准适用于 BIM 建立、应用和交付行为。其主要包括模型精度的内容及等级、几何信息及属性信息精度、模型交付的深度等内容。

5 花湖机场 BIM 工程计量专题策划

工程计量是造价管理工作的关键一步，其中工程量计算（计量）是工程造价管理中耗时最长的工作，计量效率直接影响了工程造价管理的效率。BIM 计量理论上有助于提高工程造价管理的工作效率和准确度。然而，由于目前基于 BIM 的计量还存在许多问题，直接使用 BIM 模型进行计量的工程应用较少。因此花湖机场在选择 BIM 工程计量时，需要进行系统的专题策划。

为此，本章基于花湖机场 BIM 工程计量专题策划需求，首先通过梳理国内外 BIM 工程计量研究与应用现状，归纳总结了 BIM 工程计量的关键问题。其次，根据花湖机场 BIM 工程计量的关联清单单项统计，论证分析了 BIM 工程计量的可行性。然后，针对制约 BIM 工程计量的关键痛点问题，系统提出了涵盖模型精度、构件编码、计量规则与模型融合的技术方案。最后，结合 BIM 工程计量实施阶段，从总体流程、关联方职责、设计概算、施工图预算、施工过程、竣工阶段等方面对 BIM 工程计量实施进行了部署。

BIM 工程计量专题策划为花湖机场 BIM 计量工作奠定了基础，同时为后期实施过程中基于BIM的计量支付创造了良好条件，更为关键的是，花湖机场据此成功申请到了住房城乡建设部造价改革试点项目，获得了相关政策的支持，一方面实现了花湖机场 BIM工程计量具有法律法规的支持，另一方面也以花湖机场项目为支点，为推动BIM在工程计量造价领域的创新应用创造了条件。

5.1 BIM 工程计量的现状分析

5.1.1 BIM 工程计量的定义

对于BIM工程计量的定义，业界还没有一个统一的要求，通过总结和分析不同BIM计量软件的特点以及业界对 BIM 计量的表述，本书归纳出 BIM 计量的定义如下：BIM 计量是一种可借助 BIM 模型进行工程量计算的方法，BIM 计量需要同时满足以下四个方面的特征：

（1）BIM 工程计量基于可视化三维模型，匹配构件属性，并融入计算规则进行工程

量计算,可以降低人为计算误差,得到更加准确的数据;

(2)BIM 工程计量可通过 BIM 技术与成本的对比分析,精确拆分和统计工程量,便于设计人员快速了解变更对成本的影响,提高成本核算的效率,降低时间成本;

(3)BIM 工程计量可以有效地继承和复用设计阶段的模型,实现设计模型在成本管理方面的延伸应用;

(4)基于BIM的计量模型,可以在模型中附加材料、几何尺寸等造价信息,集成时间进度、施工条件等信息,实现全过程的动态成本管控。

5.1.2 国外 BIM 工程计量现状

早在 20 世纪 60 年代,英国官方建筑领域物价管理部门就将计算机技术引入造价领域,其日常工作就是收集各种投标文件并进行处理,获得最终的常用造价资料以供造价人员参考。随后,基于 BIM 技术的应用软件不断研发和应用,BIM 造价计量软件的出现也使原本烦琐的计算工作变得简单,减少了设计变更带来的繁重工作量,提高了工作效率。

对于 BIM 计量,国外早在 21 世纪初就积极致力于研究如何充分运用 BIM 模型来实现自动计量的工作。2001 年,Faraj 开发了一个基于网络的,以 IFC 为数据交换标准的数字化建造协同环境,其中就包含了基于信息模型进行自动计量的功能。Staub-French S等人提出了一种充分考虑不同造价人员习惯自动统计工程量的方法,并研发了一个自动进行计量计价的系统。2011 年,Anoop Sattineni 等在研究中以美国建筑企业为突破口,以抽样问卷调查研究法,深入剖析了各级员工在运用BIM技术方面的一些具体情况,结果表明:69%的受访者同时表示,就测算工程造价方面来看,BIM技术具有提高数据质量的作用。

BIM 计量的发展直接带动了国外众多 BIM 计量软件的研发与应用,德国以及周边德语地区使用的是 RIB 建筑软件,英国所用软件为 Causeway,美国的是 VICO、USCOST 等。其中,在德国,RIB 建筑软件有限公司是德国乃至全球最大也是最早的建筑软件企业,具有先进的软件技术和成熟的产品方案,所研制的RIB iTWO软件是一款 5D BIM软件,通过建立 3D数字化模型为日后计算工程量和相关工程数据打下基础,而 5D模型能够计算工作量、成本、流动资金和资源调度等基础数据。在美国,Virtual Construction 系列软件是为施工单位服务的 5D 软件,其中 VICO Estimator(概预算)是在三维虚拟模型的基础上进行的工程概预算,每个模型中的构件都被赋予了相应的算法,该软件与 VICO 其他软件的结合有助于进行成本跟踪。总体来讲,目前国外 BIM 计量软件功能较为全面和强大,且目前仍在快速迭代升级中。

5.1.3 国内 BIM 工程计量现状

我国工程造价计量软件经历了一个漫长的发展阶段。20 世纪 90 年代初，Excel 表格计量方法的出现大大降低了错误率，通过进行修改可减少重新计算过程，大大提高了工作效率。1995 年以后，计算机技术的普及给计量带来新的突破，计量方式逐渐变成软件计量，计算效率显著提高，但这种计量属于平面扣减方式进行工程量计算的二维计量，过程较为烦琐。随着建筑规模的不断扩大和结构的复杂性，计量的精确度要求也日益严格，基于 BIM 技术的三维计量软件应运而生。相对于国外的 BIM 计量研究和发展，我国采用的以清单定额为基础的造价模式与国外有较大差异，而且国外的 BIM 成本管理软件整体发展比国内起步早、发展快，但是我国当前在这方面的研究跟国外的思路大致相同，都是以 IFC 标准为基础的本土化研究为主。

基于 BIM 的三维计量软件和手工计量相比，更加省时省力。有研究表明，对一栋 7000 平方米框架结构的建筑进行计算，手工计算耗时大概是 20 天，如若采用 BIM 计量软件则需要 5 天就可以完成。基于 BIM 技术的计量软件可以一模多用，在规避了人为错误风险的同时，也提高了工作效率和管理效果。基于 BIM 的计量工作与二维图计量工作的最大区别在于图形呈现方式更为直观、图形包含的信息量更大更全，基于全面的信息量可实现建筑生产过程的信息化管控、实现建筑企业精细化管理。

5.1.4 BIM 工程计量问题分析

虽然与传统计量方式相比，基于 BIM 的计量方式具有显著的优势，然而，目前直接基于 BIM 模型进行工程量统计的成功实践较少，其原因大致可以归纳为以下几点：

（1）构件精度方面，这里说的精度包含两个部分：几何精度与非几何精度。几何精度是指 BIM 构件与对应的工程实际构件在形状、外观方面的匹配程度，非几何精度指 BIM 构件的属性信息与工程实体构件的一致性程度。构件精度不足是制约 BIM 工程计量的一个关键问题。例如，如果创建的墙体未考虑圈梁、构造柱等混凝土构件的扣减关系，则会导致墙体工程量偏大；如果无弯头线管构件没有增设合并直管段与弯头长度的长度属性，则会导致线管长度无法统计。

（2）构件编码方面，编码是每个构件的唯一 ID，根据编码可以快速检索、分辨、访问不同构件，不同层级的编码同时也表达了构件组织的层次结构，对于按照特定规则分类汇总工程量非常重要。然而，传统 BIM 实施中对于编码的科学性和正确性认识还存在不足，导致编码的系统性、层次性特征不明显，甚至出现不同构件具有相同编码的情况。例如，有些 BIM 模型的编码中并未出现表达单项、单位、分部、分项的编码层级，而是按照空间位置、标段划分等编码，导致工程量无法进行汇总统计，自然无法辅助基于 BIM

的计量实施。

（3）计量规则与 BIM 模型量匹配方面，虽然 BIM 模型可以直接或间接提取构件工程量，但其提取的工程量为几何图元的实际量，并未考虑清单计量规范的计量要求。例如，钢筋混凝土工程中，梁、板工程量应该合并到“有梁板”清单项中，而BIM模型中两者仍然是分开出量；此外，BIM 模型中默认的扣减关系也与行业计量规则不完全符合。上述模型量与计量规则脱节的问题导致了从BIM模型中提取的工程量不符合国家行业现行标准，无法作为计量依据。

5.2 花湖机场 BIM 工程计量的可行性论证

由于直接基于 BIM 工程计量存在较大的潜在困难和不确定性，因此在确定是采用 BIM 模型计量还是采用传统二维 CAD 计量时，需要结合花湖机场实际情况进行可行性论证。论证的方法是：首先梳理工程量清单，对包括在花湖机场计量范围的清单项（简称关联清单项），按照其可以直接导出模型量的程度进行分类，然后统计这些清单项占关联清单项的比重，最后根据此结果判定是否可以采取 BIM 工程计量。

5.2.1 关联清单项分类

按照是否可以实现直接由 BIM 出量以及直接出量的难易程度，可以将关联清单项划分为以下几类：

（1）A 类：主要指在兼顾行业发展水平和效率的前提下，可由 BIM 模型自动生成模型实物量的项目。例如结构梁、柱等。这类构件适合用 BIM 直接计量。

（2）B 类：主要指在兼顾行业发展水平和效率的前提下，该构件的模型虽然有创建，但需要通过一定的计算式转换自动生成模型实物量的项目。例如，钢柱、钢桁架等。这类构件虽然无法直接出量，但可以通过编写公式等方式从BIM模型量中换算成工程量，因此这类构件也可以采用 BIM 工程计量。

（3）C 类：主要指在兼顾行业发展水平和效率的前提下，该构件的模型不需要创建，可通过已有构件模型的几何信息和非几何信息生成模型实物量的项目。例如模板、电线等。虽然这类无须建模，但可以根据现有 BIM 构件出量，因此这类构件也可以采用 BIM 工程计量。

（4）D 类：主要指由 BIM 模型无法生成工程量或利用 BIM 模型计量的性价比极低的项目，需要依据图纸与文字说明进行手算补充的项目。例如排水、降水等部分措施项目。这类构件不适宜采用 BIM 工程计量。

综上所述，判断 BIM 工程计量的可行性，本质上是判断 A、B、C 类构件的比重。比重越大，越适合采用BIM工程计量。

关联清单项分类是由建设单位牵头，BIM咨询方、造价咨询方等关联单位共同完成，相关清单项的遴选和评估参照工程量计量规则、民航机场历史工程及专家访谈得到，并据此进行关联清单项的分级评价。以土建专业为例，该专业关联清单项的分级评价结果如表5-1所示。

表5-1　关联清单项分类样表(土建专业)

<table>
<tr><th rowspan="2">项目编码</th><th rowspan="2">项目名称</th><th rowspan="2">项目特征</th><th rowspan="2">计量单位</th><th colspan="5">计量方式分类</th></tr>
<tr><th>A类</th><th>B类</th><th>C类</th><th>D类</th><th>提取工程量描述</th></tr>
<tr><td>010101001</td><td>平整场地</td><td>①土壤类别
②弃土运距
③取土运距</td><td>m^2</td><td></td><td></td><td>√</td><td></td><td>通过创建填充区域的方式提取工程量</td></tr>
<tr><td>010101002</td><td>挖一般土方</td><td rowspan="3">①土壤类别
②挖土深度
③弃土运距</td><td>m^3</td><td>√</td><td></td><td></td><td></td><td>—</td></tr>
<tr><td>010101004</td><td>挖沟槽土方</td><td></td><td></td><td></td><td>√</td><td></td><td>通过基础垫层底面积乘以挖土深度提取土方工程量</td></tr>
<tr><td>010101003</td><td>挖基坑土方</td><td></td><td></td><td></td><td>√</td><td></td><td>通过基础垫层的面积乘以挖土深度推算基坑土方体积</td></tr>
<tr><td>10302004</td><td>挖孔桩土(石)方</td><td>①地层情况
②挖孔深度
③弃土(石)运距</td><td>m^3</td><td>√</td><td></td><td></td><td></td><td>—</td></tr>
<tr><td>10302006</td><td>钻孔压浆桩</td><td>①地层情况
②空钻长度、桩长
③钻孔直径
④水泥强度等级</td><td>1.m
2.根</td><td>√</td><td></td><td></td><td></td><td>—</td></tr>
<tr><td>10302007</td><td>灌注桩后压浆</td><td>①注浆导管材料、规格
②注浆导管长度
③单孔注浆量
④水泥强度等级</td><td>孔</td><td></td><td></td><td>√</td><td></td><td>通过需要灌注桩注浆的模型提取工程量</td></tr>
<tr><td>010506001</td><td>直形楼梯</td><td>①混凝土强度等级
②混凝土种类</td><td>1.m^2
2.m^3</td><td>√</td><td></td><td></td><td></td><td>通过材质提取明细表工程量</td></tr>
</table>

5.2.2　关联清单项统计

结合5.2.1节的评价结果，对不同专业的A、B、C、D类清单项中所占的比例进行测试和分析，分析结果如图5-1至图5-5所示。

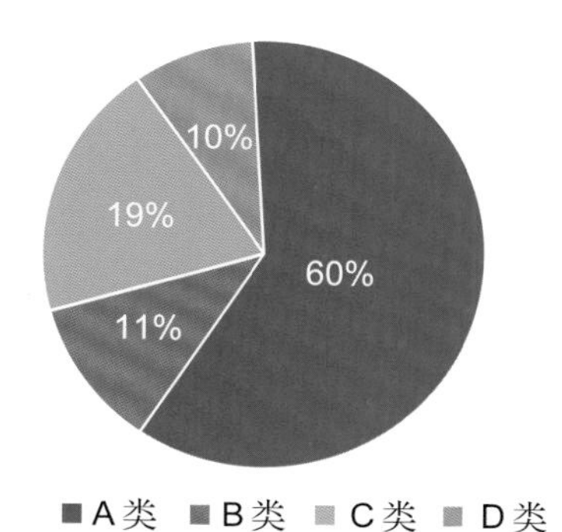

图 5-1　土建专业各计量方式所占比例

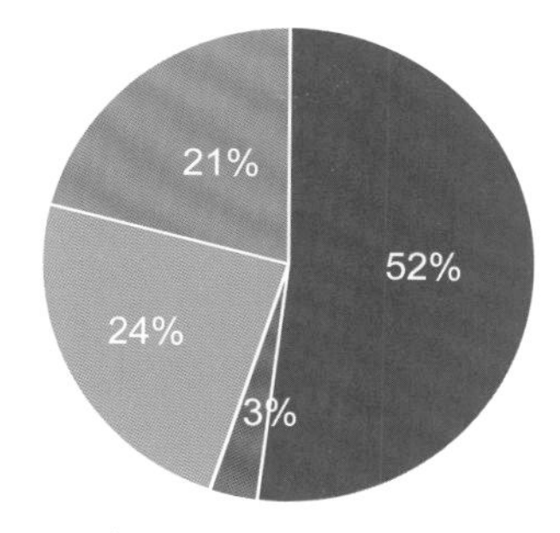

图 5-2　安装专业各计量方式所占比例

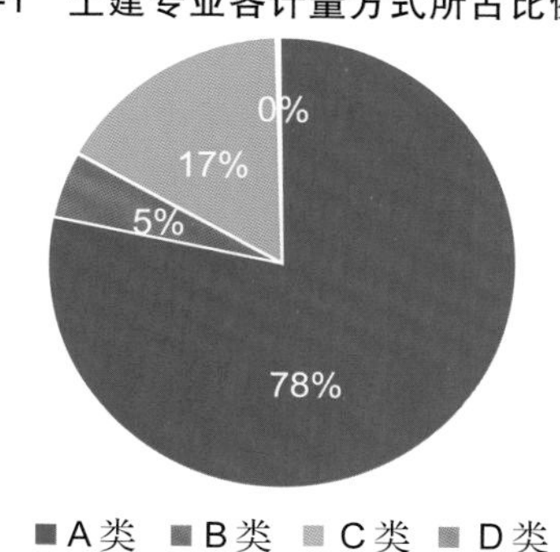

图 5-3　装饰专业各计量方式所占比例

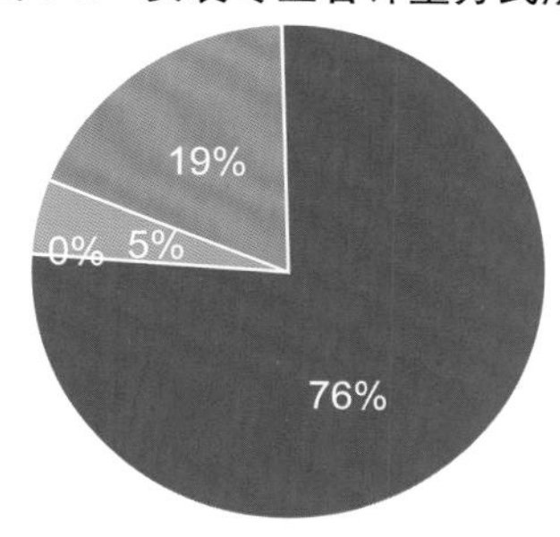

图 5-4　市政专业各计量方式所占比例

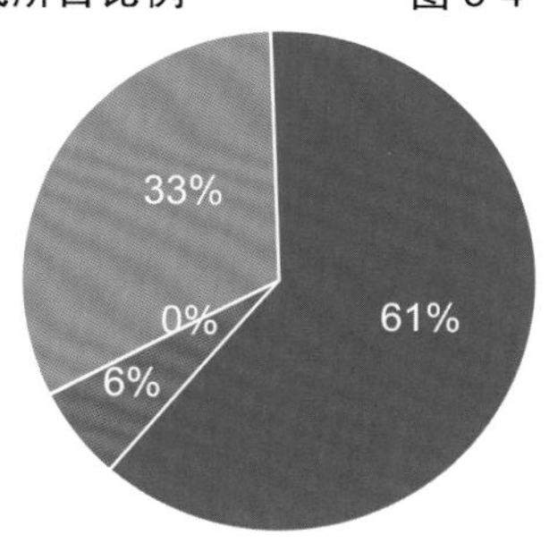

图 5-5　园林专业各计量方式所占比例

5.2.3　可行性分析结论

（1）根据分析结果，各项工程能进行 A、B、C 类计量的清单项占比都在 67%以上。其中装饰工程最高，达到 100%；最低为园林工程，为 67%。由此可知，清单项中绝大多数都能通过 BIM 计量的方式，进行工程量的输出，采用 BIM 计量的可行性很高。

（2）虽然花湖机场采取 BIM 工程计量的可行性很高，但由于 D 类构件的存在，这些构件的计量有两种处理方式：采用传统手工计量的方式，计算 D 类清单项的工程量；将其工程量与 A、B、C 类清单项的工程量合并。后续组价时，前者可采用传统的组价方式，后者可采用基于全费用综合单价的组价形式，以保障造价工作的正常进行。由于全费用综合单价与BIM计量的结合尚缺乏相应的方法指导和政策支持，为了将此工作充分落地，需要充分把握国家相关部委大力推动基于BIM的建筑计量计价改革的机遇，积极申请造价试点，一方面在申报过程中完成全费用综合单价计价方案的制定论证，另一方面获得建设行政主管部门的政策支持。

5.3 花湖机场BIM工程计量技术方案

5.2节论证了花湖机场采取BIM进行工程计量的可行性，但BIM工程计量真正能够落地，还需要克服5.1节提出的问题，因此花湖机场针对满足BIM工程量出量要求的模型精度、计量属性、构件编码、计量规则等方面均进行了技术方案制定。

5.3.1 模型精度管理方案

为保证BIM模型精度符合BIM工程计量的要求，提升BIM工程计量的自动化程度和准确性，需要对模型的几何属性与非几何属性进行明确。花湖机场采用了几何精度与非几何精度两个属性对BIM构件的精度进行了量化。

对于几何精度，按照精度由低到高分为G1到G4四个精度等级，如表5-2所示。

表5-2 模型几何精度

等级	模型要求	示例1	示例2
G1	满足二维化或符号化识别需求的几何表达精度	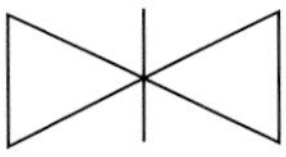	
G2	满足空间占位、主要颜色等粗略识别需求的几何表达精度		
G3	满足建造安装流程、采购等精细识别需求的几何表达精度		
G4	满足高精度渲染展示、产品管理、制造加工准备等高精度识别需求的几何表达精度		

对于非几何精度，按照精度由低到高分为N1到N5五个精度等级，如表5-3所示。

表 5-3 模型非几何精度

等级	属性类	常见属性组	宜包含的属性名称
N1	身份信息	基本描述	名称
	尺寸信息	占位尺寸	长度、宽度、高度、厚度、深度、直径等
N2	定位信息	项目内部定位	楼层、区域位置、房间名称等
	系统信息	系统分类	系统类型
	功能信息	功能描述	用途
N3	技术信息	构造尺寸	长度、宽度、高度、厚度、深度、半径、内径、外径、公称直径、距离、间距、跨度、角度、坡角、斜率、坡比、周长、高差、坡度、面积、体积、容积等
		组件构成	主要组件名称
		设计参数	规格、型号、材质、混凝土强度等级、额定功率、电机功率、电压、额定电压、电流、额定电流、防护等级、防火等级、质量、风量、制冷量、制热量、噪声、系统图等
		技术要求	材料做法、施工要求、安装要求等
	模型结构分类编码信息	模型结构	专业、子专业、二级子专业、构件类别、构件子类别、构件类型
		编码信息	构件编码
N4	生产和安装信息	生产信息	生产厂家、联系方式、出厂日期、使用说明、维护说明
		采购信息	采购单位、进场日期
		安装信息	安装单位、安装日期、安装方式、交付日期
N5	资产信息	资产登记	—
		资产管理	—
	维护信息	巡检信息	—
		维修信息	—
		维护预测	—
		备件备品	—

由于 5.2 节中 A、B 两类构件都需要创建对应的 BIM 模型，因此选择各专业这两类构件为研究对象，对不同专业模型的精度要求和模型创建要求进行总结和分析发现：为了达到计量要求，土建、安装、装饰和市政专业对于模型的精度要求较高，普遍达到 G3 和 N3 的要求。其中，几何信息中，土建专业有 97%的清单项达到了 G3 的要求，安装专业有 99%的清单项达到了 G3 的要求，装饰专业有 77%的清单项达到了 G3 的要求，市政专业有 97%的清单项达到了 G3 的要求，园林专业有 83%的清单项达到了 G2 的要求；非

几何信息中，土建、装饰、市政、安装专业全部的A、B类清单项达到了N3的要求，园林专业有95%的清单项达到了N3的要求。

为了保障项目BIM实施后续过程中模型精度都能够达到BIM计量造价要求，需要采用构件—阶段—专业三级精度量化机制，确保精度落实到构件，精确到阶段，具体到专业，实现完整全面的精度表述。

5.3.1.1 构件级精度描述

花湖机场BIM实施对BIM模型的所有构件制定了构件单元精度标准，实现源头的BIM精度保障，从根本上解决构件精度不达标的问题。例如，表5-4为《BIM资源创建与管理标准》对于外墙的建模精度要求。项目实施过程中，各参与方必须严格按照此标准建立模型，以满足BIM工程计量的要求。

表5-4 外墙几何建模精度要求

<table>
<tr><th>模型构件单元</th><th>几何表达精度</th><th>几何表达精度要求</th></tr>
<tr><td rowspan="10">外墙</td><td>G1</td><td>宜以二维图形表示</td></tr>
<tr><td rowspan="3">G2</td><td>应建模表示空间占位</td></tr>
<tr><td>宜表示核心层和外饰面材质</td></tr>
<tr><td>外墙定位基线宜与墙体核心层外表面重合，如有保温层，宜与保温层外表面重合</td></tr>
<tr><td rowspan="2">G3</td><td>构造层应按设计厚度和材质建模</td></tr>
<tr><td>外墙定位基线应与墙体核心层外表面重合，无核心层的外墙体，定位基线应与墙体内表面重合，有保温层的外墙体，定位基线应与保温层外表面重合</td></tr>
<tr><td rowspan="3">G4</td><td>构造层应按照实际厚度和材质建模</td></tr>
<tr><td>应按照实际尺寸建模表示安装构件</td></tr>
<tr><td>外墙定位基线应与墙体核心层外表面重合，无核心层的外墙体，定位基线应与墙体内表面重合，有保温层的外墙体，定位基线应与保温层外表面重合</td></tr>
</table>

5.3.1.2 阶段级精度描述

BIM正向实施是一个由粗到细的过程，因此BIM构件的精度也应该是一个由低到高的过程，为此需要结合项目不同阶段动态制定模型精度要求，以满足不同阶段对BIM工程计量的需求。由于常规做法是用LOD来表达各阶段的模型精度等级，而具体构件的精度用G和N来划分等级，各阶段的精度具体为：

(1)设计概算BIM工程计量精度：此阶段的模型整体精度为LOD200，对应的几何与非几何精度主要为G2和N2。

(2)施工图预算与招投标 BIM 工程计量模型精度:此阶段的模型整体精度为 LOD300,对应的几何与非几何精度主要为 G3 和 N3。

(3)施工过程造价管理BIM工程计量模型精度:此阶段的模型整体精度为LOD350~LOD400,对应的几何与非几何精度主要为 G4 和 N4。

(4)竣工结算BIM模型计量精度:此阶段模型整体精度为LOD500,对应的几何与非几何精度主要为 G5 和 N5。

5.3.1.3 专业级精度描述

由于花湖机场建造及相应的 BIM 实施是分专业进行的,专业间的差异性决定了不同专业对 BIM 模型计量的精度要求也存在不同。因此需要针对每个专业量身打造符合其计量要求的进度标准。花湖机场通过梳理项目相关的专业,为每个专业的每个构件制定了详细的精度表。表 5-5 以市政供冷供热专业为例,显示了模型构件单元精度表。

表 5-5 市政供冷供热专业模型构件单元精度设置

工程对象		LOD100	LOD200	LOD300	LOD350	LOD400	LOD500
管道	无缝钢管	—	G2/N2	G3/N3	G4/N3	G4/N3	G4/N3
	螺旋焊接钢管	—	G2/N2	G3/N3	G4/N3	G4/N3	G4/N3
管件		—	G2/N2	G3/N3	G4/N3	G4/N3	G4/N3
管道附件		—	G2/N2	G3/N3	G4/N3	G4/N3	G4/N3
附属	阀门检查井	—	G2/N2	G3/N3	G4/N3	G4/N3	G4/N3

5.3.2 模型构件编码方案

为了考虑项目工程量分类汇总统计与查询的需求,需要采用面分法和线分法混合的分类编码方法,设计了包含 2 个阶段、3 个组别、12 个类别、32 位的编码规则,服务于包括计量在内的众多BIM应用需求,现结合BIM工程计量论述各阶段的编码及其作用。

5.3.2.1 设计阶段

设计阶段的编码由项目管理属性代码组、设计管理属性代码组、构件管理属性代码组、构件实例属性代码组构成。其中项目管理属性代码组包括工程代码、单项工程代码、单位工程代码、子单位工程代码;设计管理属性代码组包含阶段代码、专业代码、子专业代码、二级子专业代码;构件管理属性代码组包括构件类别代码、构件族(子类别)代码、构件类型代码;构件实例属性代码组包含了构件实例代码。

在设计阶段,计量的作用是编制设计概算、施工图预算及工程量清单。其中设计概算阶段的工程量需要按照专业—单位工程—单项工程—建设项目进行逐级汇总计算设计概算，上述构件编码可以完全符合设计概算所需要的计量逻辑；且与《建设工程工程量清单计价规范》(GB 50500—2013)中规定的清单编码较容易形成映射关系。因此该编码方式同样可以有效支撑工程量清单计量及相应的施工图预算编制要求。

5.3.2.2 施工阶段

施工阶段的编码包含项目管理属性代码组、施工管理属性代码组、构件管理属性代码组、构件实例属性代码组。其中只有施工管理属性代码组的含义与设计管理代码组有所不同：施工管理代码组包括阶段代码、分部工程代码、子分部工程代码、分项工程代码。

由于施工阶段的计量需求主要是为了实现计量支付、测算变更工程量的需求，而上述编码方式充分结合了施工单位测算工程量的分类方式及习惯，因此可以较为方便地实现施工过程中的工程计量。

5.3.3 计量规则与模型融合方案

对国标计算规则的兼容与否，直接决定其是否能适用于项目的实际招投标工作中。花湖机场对与现行国标清单计算规则不兼容的清单项进行了归纳和总结，归纳出计量规则与模型不匹配的类型，表 5-6 给出了一个示例。

表 5-6 需调整计算规则的分类(示例)

类型	分类原因	举例	国标计算规则	BIM 模型直接计量方式
不扣除类	根据国标计算规则，不需要扣除某些工程量，但模型中是以实物表达，计算的工程量会进行扣除	楼板、墙、吊顶	依据国标清单计算规则，需按设计图示尺寸以面积计算，不扣除单个 0.3 平方米以内的孔洞所占面积，不扣除间壁墙、检查口、附墙烟囱、柱垛和管道所占面积	Revit 明细表输出的为模型实物量，会扣除所有洞口的面积
		管道	依据国标清单计算规则，需要按设计图示管道中心线长度以延长米计算，不扣除阀门、管件、燃气表组成安装等所占的长度	Revit 明细表输出的为模型实物量，只计算管道的长度，会扣除阀门、管件、燃气表组成安装等所占的长度
构件工程量增加类	模型调整后增加了大量的工程量	配管、配线	依据国标清单计算规则，配管需要按设计图示以长度计算，计算的是二维长度，并补充了附加长度	Revit 明细表中会体现实际的水平管和立管的长度，没有考虑附加长度
		管道	依据国标清单计算规则，管道需要按设计图示管道中心线长度以延长米计算，计算的是二维长度	模型经过管线综合调整后，统计的是三维空间的管线长度。管道工程量会增加
		管件	依据国标清单计算规则，管件的工程量没有体现	模型中可以统计管件的工程量

续表 5-6

类型	分类原因	举例	国标计算规则	BIM 模型直接计量方式
边界划分类	两类构件相接处，国标对工程量计算的划分有一定规定，但模型中是以实际边界划分计算	楼地面防水	依据国标清单计算规则，楼（地）面防水边高度≤300mm 算作地面防水，反边高度≥300mm 按墙面防水计算	Revit 明细表输出的为模型实物量，地面与墙面的防水层工程量，按墙地面进行界面划分
合并计算类	某些构件相连接时，国标清单对工程量计算进行了合并，但模型中是以构件单独进行计算	墙面保温	依据国标清单计算规则，门窗洞口侧壁以及与墙相连的柱，并入保温墙体工程量内	Revit 明细表中输出的为模型实物量，墙与柱的保温工程量会单独输出
		穿墙套管	依据国标清单计算规则，穿墙套管按展开面积计算，计入通风管道工程量中	Revit 在模型中已经创建了套管的模型，Revit 明细表会单独输出套管工程量
模型细部处理类	国标清单对细部的工程量进行了统计，但 Revit 对细部无法进行模型创建或创建难度比较大	保温、防腐面层	依据国标清单计算规则，门、窗、洞口侧壁、垛凸出部分按展开面积并入墙面积内	模型中没有创建门窗洞口的侧壁防腐面层，Revit 明细表输出的面层面积，不包含门、窗、洞口侧壁面积

从表 5-6 的分析可以看出，BIM 模型计量与我国清单计量规则在扣减规则、构件增加方式、边界划分、合并计算、细部处理等方面都存在一些差异，花湖机场项目目前常见解决模型计量与计量规则的方法包括BIM软件直接出量、计量软件二次翻模、插件计量三种主流路径。各种方式的对比如表 5-7 所示。

表 5-7　传统 BIM 工程计量方式的优劣分析

名称	描述	优势	劣势
BIM 软件直接出量	直接使用BIM软件的明细表、报表等功能计算工程量	①适用于所有 BIM 软件； ②对于复杂节点工程量可精细化计算，所见即所得	①工程量输出为模型计量，不符合现行计量计价规则； ②对于未建模的构件需要手动补充工程量计算
计量软件二次翻模	在传统计量软件中进行二次建模，然后利用计量软件计算工程量	①对现行清单、定额的计量方式及工程量后续的延伸应用支持较好； ②体现出构件间相互的位置关系，方便工程量的核对	①直接识别模型的精度不高； ②当设计模型发生修改时，计量模型也需要再次修改，造成重复的工作量

续表 5-7

名称	描述	优势	劣势
插件计量	BIM 建模软件通过借助插件的方式直接基于BIM模型导出工程量	①直接基于BIM模型出量,无须二次创建计量模型; ②模型变更时能够快速获取工程量的变化,便于模型的更新和维护,符合BIM模型一体化的概念	①不同 BIM 软件需要不同的插件进行适配，开发难度大; ②插件计量通过调用对应软件的 API,计算速度较慢; ③程序稳定性较差; ④无法计算不建模构件的工程量

由于花湖机场涉及标段众多,不同标段的建模工具差别很大,有些建模软件创建的模型无法导入现有计量软件之中,或者需要在软件中创建造价模型,难度和工作量巨大;而要为不同专业的 BIM 软件定制开发插件,需要花费大量的时间和成本。因此,BIM 软件直接出量的计量方式更加符合花湖机场 BIM 工程计量的需求。

为了克服 BIM 软件直接出量的弊端，可从规则和模型两方面入手，实现 BIM 模型量与清单计量规则的双向结合。

5.3.3.1　规则维度——BIM 工程计量规则编制

为了让模型量与清单计量规则统一,需要在充分了解现有国标规则的基础上,结合 BIM 模型的出量特性,重点从合并进项、细微调整、计量单位改变三个方面对计量规则进行修改、调整,并形成一整套全面、清晰、可操作性强的计量规则,供 BIM 工程计量人员参考。

5.3.3.2　模型维度——调整模型的建模要求

基于 5.3.1 节模型精度管理方案的基本思路，依据上文编制的 BIM 工程计量规范，对模型结构、属性信息、几何精度等进行规定和明确,实现精度在构件、专业、过程中的详细定义,并在此过程中实现 BIM 工程计量规则与 BIM 建模要求的统一。建模要求需要写入相关建模标准,并在项目建造阶段严格遵守执行。

5.4　基于 BIM 的工程计量实施部署

5.4.1　BIM 工程计量总体流程及职责

根据对计量项目的分类定义、计量模型创建要求的梳理以及计量规则兼容性的分析，BIM 计量的实施可以划分为实施准备阶段与实施阶段。在实施准备阶段需要完成 BIM 模型创建标准与 BIM 模型工程量计算标准。同时,针对 BIM 计量的计算规则调整引起的各清单项定额的调整，形成相应的计价标准，为实施阶段的BIM计量工作提供指导和依据。BIM 工程计量实施的总体流程，如图 5-6 所示。

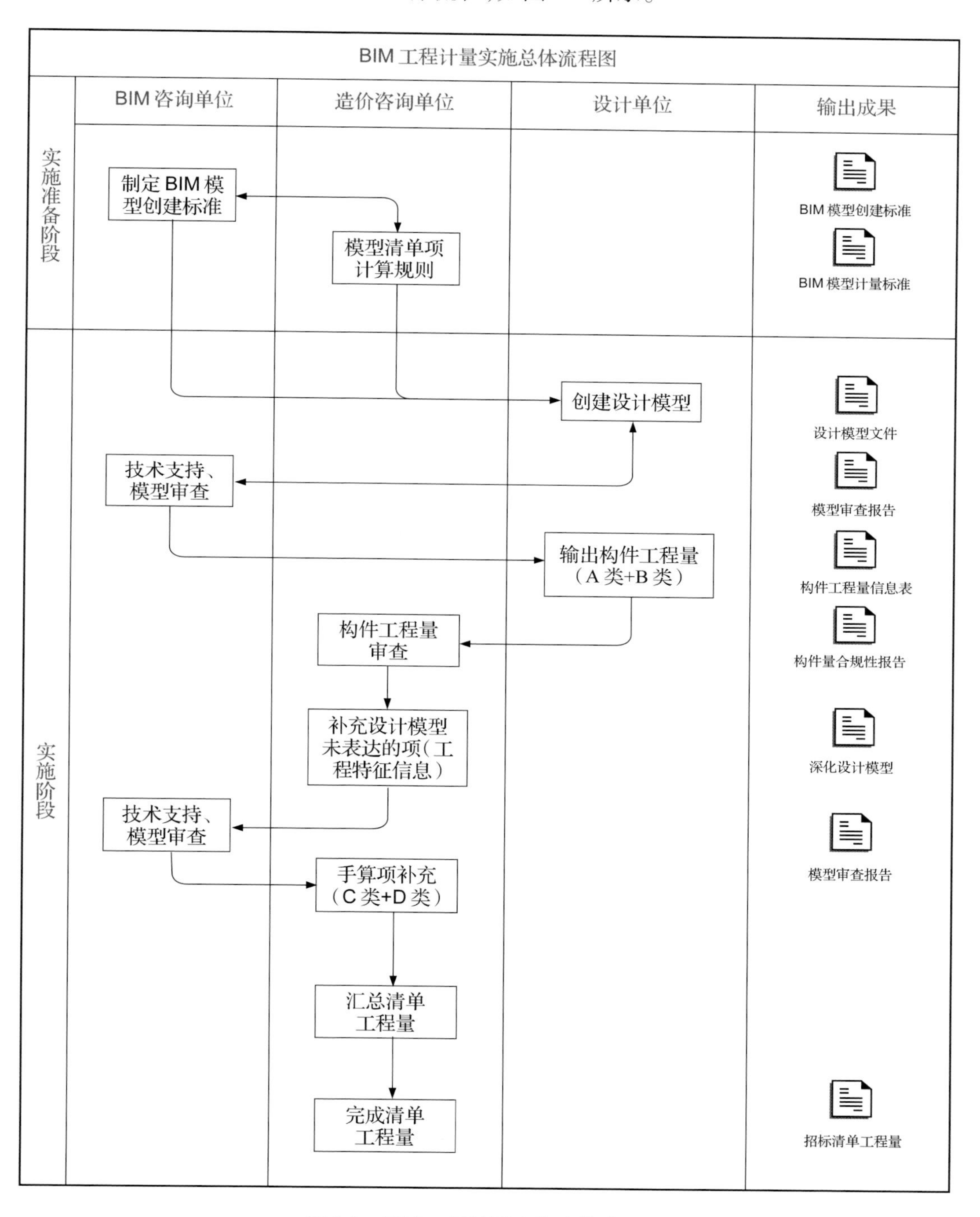

图 5-6　BIM 工程计量实施总体流程图

通过 BIM 计量（Revit 明细表）输出符合清单规范的工程量，需要把计量所需的项目特征信息录入BIM模型命名和属性中，这样才会使传统计量中造价咨询单位的一部分工程量前置到设计阶段。因此在实施准备阶段，即需要造价咨询单位开始参与模型创建的工作，从计量与成本管理的角度，对BIM模型的创建方面、计算规则的调整方面、造价成本方面以及工程量分类汇总方面，提出相应的建议和解决方案。

各参建方在上述BIM应用中的职责权限如表5-8所示。

表5-8　各参建方BIM成本应用职责权限矩阵表

序号	工作项	BIM实施甲方	单项工程BIM咨询	单项工程造价咨询	单项工程设计总包	工程设计顾问	单项工程施工总包	单项工程监理
1	设计概算工程量计算	V/O	V/A	O	I	V/A	—	—
2	施工图预算与招投标清单工程量计算	V/O	V/A	I	A	V/A	O	—
3	施工过程造价管理工程量计算	V/O	V/A	O	—	—	I	V/O
4	竣工结算工程量计算	V/O	V/A	O	—	—	I	V/O
说明：I＝任务执行/成果交付方，A＝任务协同辅助方，V＝成果审核方，O＝成果应用方。								

5.4.2　设计概算工程量计算

结合花湖机场项目建设目标和要求，利用BIM技术在初步设计阶段进行工程量计算时，应充分利用设计的模型和信息成果，在此基础上按照工程量计算的要求进行模型重构，并按照设计概算的要求补充工程量计算所需要的信息，以确保完善后的概算模型满足设计阶段的工程量计算要求。初步设计模型的深度或完整性等存在不能达到BIM工程量计算要求的情形时，采用传统工程量计算或概算指标给予补充，做到两者有机结合，提高工程量计算和计价效率。

5.4.2.1　数据准备

（1）初步设计模型。

（2）与初步设计概算工程量计算相关的构件属性参数信息文件。

（3）概算工程量计算范围、计量要求及依据等文件。

5.4.2.2　操作流程

（1）收集数据。收集工程量计算所需要的模型和资料数据，并确保数据的准确性。

（2）确定规则要求。根据设计概算工程量计算范围、计量要求及依据，确定概算工程量计算所需的构件编码体系、构件重构规则与计量要求。

（3）编码映射。在初步设计模型的基础上，确定符合工程量计算要求的构件与分部分项工程的对应关系，并进行编码映射，将构件与对应的编码进行匹配，完成模型中构件与工程量计算分类的对应关系。

(4)完善构件属性参数。完善概算模型中构件属性参数信息，如“尺寸”“材质”“规格”“部位”“概算规范约定”“特殊说明”“经验要素”等影响概算的相关参数要求。

(5)形成设计概算模型。根据概算工程量计算的要求设定计算规则，利用软件工具在不改变原设计意图的条件下进行构件深化计算参数设置，以确保构件扣减关系的准确，最终生成满足概算工程量计算要求的设计概算模型。

(6)编制概算工程量表。按概算工程量计算要求进行“概算工程量报表”的编制，完成工程量的计算、分析、汇总，导出符合概算要求的工程量报表，并详述“编制说明”。

设计概算工程量计算 BIM 应用操作流程如图 5-7 所示。

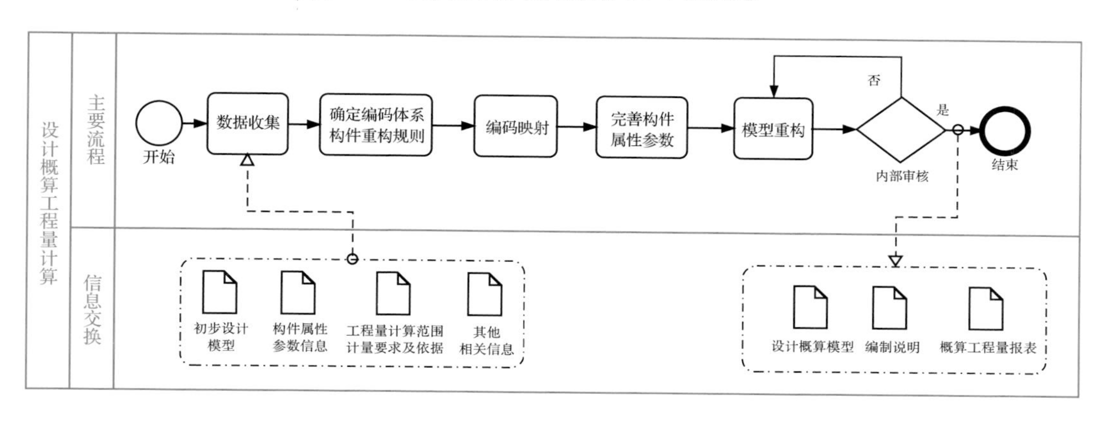

图 5-7　设计概算工程量计算 BIM 应用操作流程图

5.4.2.3　计算成果

(1)设计概算模型。模型应正确体现计量要求，可根据空间(楼层)、时间(进度)、区域(标段)、构件属性参数及时、准确地统计工程量数据；模型应准确表达概算工程量计算的结果与相关信息，可配合设计概算相关工作。

(2)编制说明。说明应表述本次计量的范围、模型深化规则、要求、依据及其他内容。

(3)概算工程量报表。工程量报表应反映构件工程量，并符合行业规范与本次计量工作要求，作为设计概算重要依据。

5.4.3　施工图预算与招投标工程量计算

施工图预算与招投标工程量计算是在工程施工图设计和招标阶段，在施工图设计模型基础上，依据招投标相关要求，附加招投标信息，按照招投标确定的工程量计算原则，深化施工图模型，形成施工图预算模型，利用模型编制施工图预算和招标工程量表，提高施工图预算工程量计算和工程量表编制的效率和准确性。

5.4.3.1 数据准备

(1)设计概算成果文件(与施工图预算成果进行比对)。

(2)施工图阶段(或供招投标使用)的施工图设计模型及相关文件。

(3)与本阶段工程量计算相关的构件属性参数信息文件。

(4)本阶段工程量计算范围、计量要求及依据等文件。

5.4.3.2 操作流程

(1)收集数据。收集工程量计算和计价需要的模型和数据资料,并确保数据的准确性。

(2)确定规则要求。根据招投标阶段工程量计算范围、招投标工程量表要求及依据,确定工程量表所需的构件编码体系、构件重构规则与计量要求。

(3)编码映射。在施工图设计模型基础上,确定符合工程量计算要求的构件与分部分项工程的对应关系,并进行工程量表编码映射,将构件与对应的工程量表编码进行匹配,完成模型中构件与工程量计算分类的对应关系。

(4)完善构件属性参数。完善预算模型中构件属性参数信息,如"尺寸""材质""规格""部位""工程量表规范约定""特殊说明""经验要素""项目特征""工艺做法"等影响工程量表计算的相关参数要求。

(5)形成施工图预算模型。根据工程量表统计的要求设定工程量表计算规则,在不改变原设计意图的条件下进行构件重构与计算参数设置,以确保构件扣减关系的准确,最终生成满足招投标阶段工程量表编制要求的"施工图预算模型"。

(6)编制工程量表。按招标工程量表编制要求,进行工程量表的编制,完成工程量的计算、分析、汇总,导出符合招投标要求的工程量表,并详述"编制说明"。可利用工程量表、定额、材料价格等计算最高投标限价。

(7)施工图预算工程量计算和编制。施工单位在施工准备阶段,可深化施工图模型和预算模型,利用审核后的模型进行编制会更细化和精确,配合进行目标成本的编制、招采与资源计划的制定。

施工图预算和招投标清单工程量计算 BIM 应用操作流程如图 5-8 所示。

5.4.3.3 成果

(1)施工图预算模型。模型应正确体现计量要求,可根据空间(楼层)、时间(进度)、区域(标段)、构件属性参数及时、准确地统计工程量数据;模型应准确表达预算工程量计算的结果与相关信息,可配合招投标相关工作。

(2)编制说明。说明应表述本次计量的范围、要求、依据以及其他内容。

(3)预算工程量报表。工程量报表应准确反映构件的净工程量(不含相应损耗),并符合行业规范与本次计量工作要求,作为招投标和目标成本编制的重要依据。

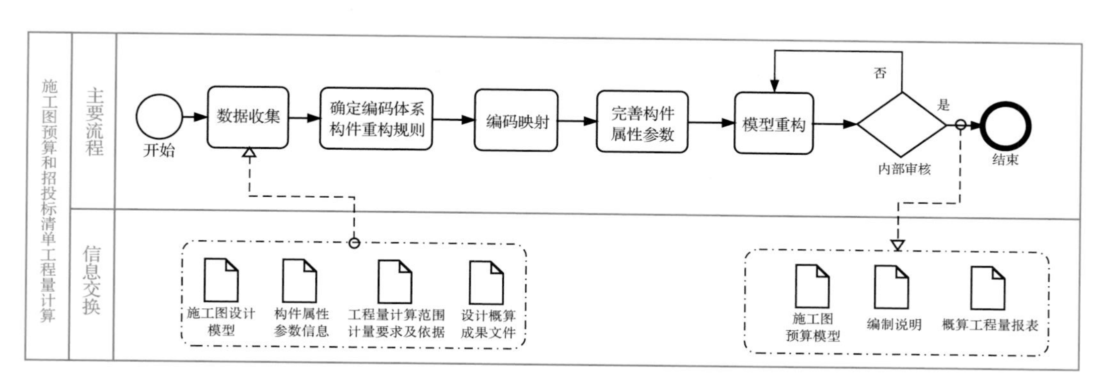

图 5-8　施工图预算和招投标清单工程量计算 BIM 应用操作流程

5.4.4　施工过程造价管理工程量计算

5.4.4.1　目的和意义

施工过程造价管理工程量计算是在施工图设计模型和施工图预算模型的基础上，按照施工要求对设计模型进行深化设计形成深化设计模型，同时依据设计变更、签证、技术核定单、工作联系函等相关资料，及时调整模型，进行变更工程量的快速计算。本阶段在工程量计算各阶段中时间最长、变化最频繁，并且工程量计算工作具有多次性、多样性、复杂性等特点，本阶段模型和数据的调整和应用贯穿整个施工阶段。为了保证应用效果，本阶段模型和数据的补充与调整需确保及时性与准确性。

5.4.4.2　数据准备

（1）施工图设计模型和施工图预算模型。

（2）与施工过程造价管理动态工程量管理相关的构件属性参数信息文件。

（3）施工过程造价管理动态管理的工程量计算范围、计量要求及依据等文件。

（4）设计变更、签证、技术核定单、工作联系函、洽商纪要等过程资料。

5.4.4.3　操作流程

（1）收集数据。收集施工工程量计算需要的模型和资料数据，并确保数据的准确性。

（2）形成施工过程造价管理模型。在施工图设计模型和施工图预算模型的基础上，根据施工实施过程中的计划与实际情况，在构件上附加“进度”和“成本”等相关属性信息，生成施工过程造价管理模型。

（3）维护调整模型。维护经确认的设计变更、签证、技术核定单、工作联系函、洽商纪要等过程资料，对施工过程造价管理应用的模型进行定期的调整与维护，确保施工过程造价管理模型符合应用要求。对于在施工过程中产生的新类型的分部分项工程按前述步骤完成工程量表编码映射、完善构件属性参数信息、构件深化等相关工作，生成符合工程量计算要求的构件。

（4）施工过程造价动态管理。利用施工造价管控模型，按“时间进度”“形象进度”“空间区域”实时获取工程量信息数据，并进行“工程量报表”的编制，完成工程量的计算、分析、汇总，导出符合施工过程管理要求的工程量报表和编制说明，实现施工过程造价管理动态管理。

（5）施工过程造价管理工程量计算。利用施工造价管理模型，进行资源计划的制定与执行，动态合理地配置项目所需资源；同时，在招采管理中高效获取精准的材料设备等数量，与供应商洽谈并安排采购；最终，在施工过程中对用料、领料进行精益管理，实现所需材料的精准调配与管理。

施工过程造价管理工程量计算BIM应用操作流程如图5-9所示。

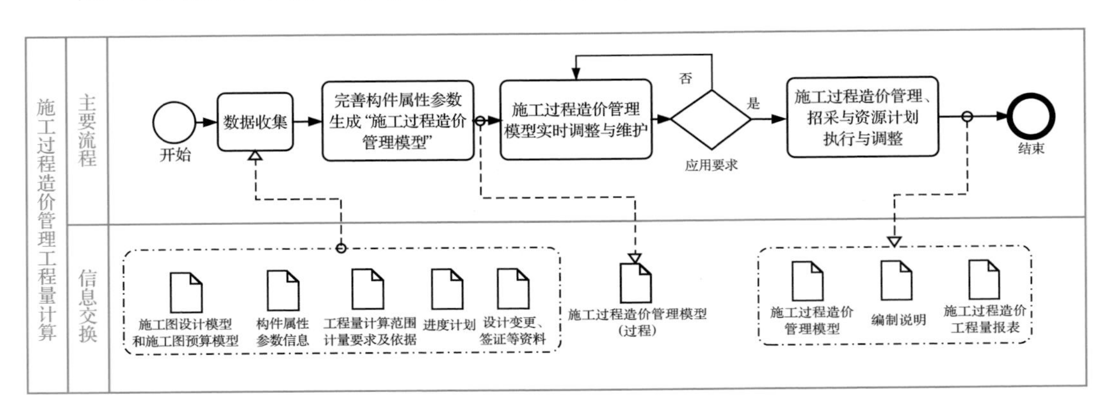

图5-9 施工过程造价管理工程量计算BIM应用操作流程图

5.4.4.4 成果

（1）施工过程造价管理模型。模型应正确体现计量要求，可根据空间（楼层）、时间（进度）、区域（标段）、构件属性参数及时、准确地统计工程量数据；模型应准确表达施工过程中工程量计算的结果与相关信息，可配合施工工程造价管理相关工作。

（2）编制说明。说明应表述过程中每次计量的范围、要求、依据以及其他内容。

（3）施工过程造价管理工程量报表。实施获取的工程量报表应准确反映构件的净工程量（不含相应损耗），并符合行业规范与本次计量工作要求，作为施工过程动态管理重要依据。

5.4.5 竣工结算工程量计算

5.4.5.1 目的和意义

竣工结算工程量计算是在施工过程造价管理应用模型基础上，依据变更和结算材料，附加结算相关信息，按照结算需要的工程量计算规则进行模型的深化，形成竣工结算模型并利用此模型完成竣工结算的工程量计算，以此提高竣工结算阶段工程量计算效率和准确性。本阶段强调对项目最终成果的完整表达，要将反映项目真实情况的竣工资料与结算模型相统一。本阶段工程量计算应注重对前面几个阶段技术与经济成果的延续、完善和总结，作为工程结算工作的重要依据。

5.4.5.2 数据准备

(1)施工过程造价管理 BIM 模型。

(2)与竣工结算工程量计算相关的构件属性参数信息文件。

(3)结算工程量计算范围、计量要求及依据等文件。

(4)与结算相关的技术与经济资料等。

5.4.5.3 操作流程

(1)收集数据。收集竣工结算需要模型和数据资料，并确保数据的准确性。

(2)形成竣工结算模型。在最终版施工过程造价管理模型的基础上，根据经确认的竣工资料与结算工作相关的各类合同、规范、双方约定等相关文件资料进行模型的调整，生成竣工结算模型。

(3)审核模型信息。将最终版施工过程造价管理模型与竣工结算模型进行比对，确保模型中反映的工程技术信息与商务经济信息相统一。

(4)编码映射和模型完善。对于在竣工结算阶段中产生的新类型的分部分项工程按前述步骤完成工程量表编码映射、完善构件属性参数信息、构件深化等相关工作，生成符合工程量计算要求的构件。

(5)形成结算工程量报表。利用经校验并多方确认的竣工结算模型，进行“结算工程量报表”的编制，完成工程量的计算、分析、汇总，导出完整、全面的结算工程量报表，并编制说明，以满足结算工作的要求。

竣工结算工程量计算 BIM 应用操作流程如图 5-10 所示。

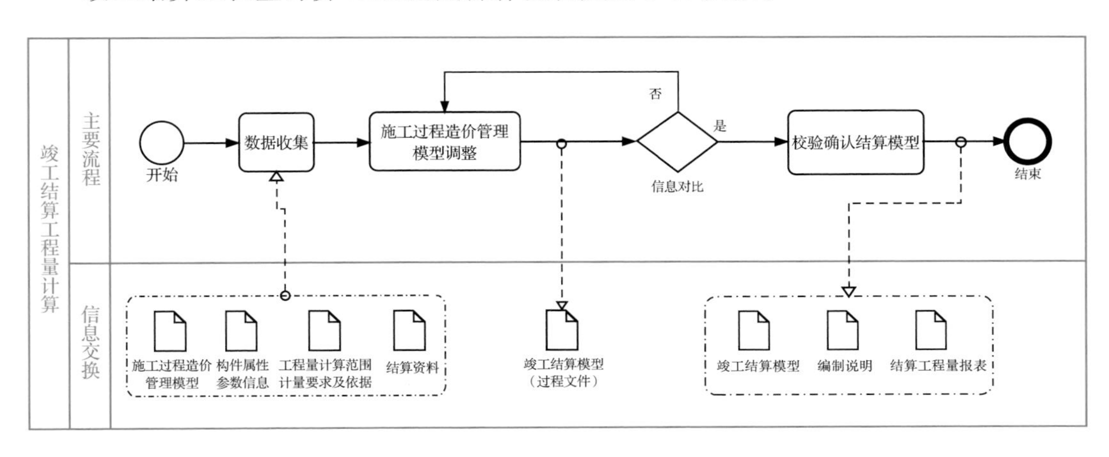

图 5-10 竣工结算工程量计算 BIM 应用操作流程图

5.4.5.4 成果

(1)竣工结算模型。模型应正确体现计量要求,可根据空间(楼层)、时间(进度)、区域(标段)、构件属性参数及时、准确地统计工程量数据;模型应准确表达结算工程量计算的结果与相关信息,可配合施工工程造价管理相关工作。

(2)编制说明。说明应表述本次计量的范围、要求、依据以及其他内容。

(3)结算工程量报表。工程量报表应准确反映构件净的工程量(不含相应损耗),并符合行业规范与本次计量工作要求,作为工程结算的重要依据。

6 花湖机场BIM技术资源评估与采购专题策划

BIM应用效果的好坏取决于项目各参与方BIM技术成熟度和管理能力的大小。花湖机场招标策划时已经详细描述了数字化技术和管理上的要求，并提前告知投标人。受限于评标专家的理解程度、评标展示的效果、数字化要求的设置合理性等条件的影响，不是所有的数字建造要求在评标的过程中都能够进行有效评选，如何在招标过程中评价投标人的BIM能力需要持续探索。

为此，本章基于花湖机场BIM技术资源评估与采购专题策划需求，首先结合BIM实施技术资源的成熟度、管理层面、标准层面和供方资源四个方面，评估了BIM技术资源。然后，根据关联方的工作任务、能力要求、交付条件及招采流程，制定了BIM关联方采购策略。最后，针对BIM实施参与方选择要求，研究了关联方BIM能力评估的科学性、全面性与针对性。

6.1 BIM技术资源的评估

6.1.1 技术成熟度评估

6.1.1.1 评估的目的

BIM技术在项目中的评估，其目的即在项目实施中充分利用BIM技术的价值，推动项目的顺利实施。

6.1.1.2 技术的分类

BIM技术的分类主要为可视化技术、协同技术、优化技术、模拟技术、出图技术以及集成技术。通过大量的项目积累及调研，当前BIM技术在工程项目建设阶段的应用相对比较成熟，大量项目实践的检验已证实其可靠性和可利用价值。

6.1.1.3 评估的方法和结果

通过文献对BIM项目应用的范围、形式、经济价值等研究分析，结合有关学者对项目BIM应用成熟度评价的观点和实证，BIM技术成熟度在形式上首先应表现为项目管理成熟度和软件应用能力成熟度的综合。BIM技术成熟度评价指标体系包括四大因素：

技术因素、组织因素、经济因素和环境因素。BIM 技术成熟度的评价方法见图 6-1。

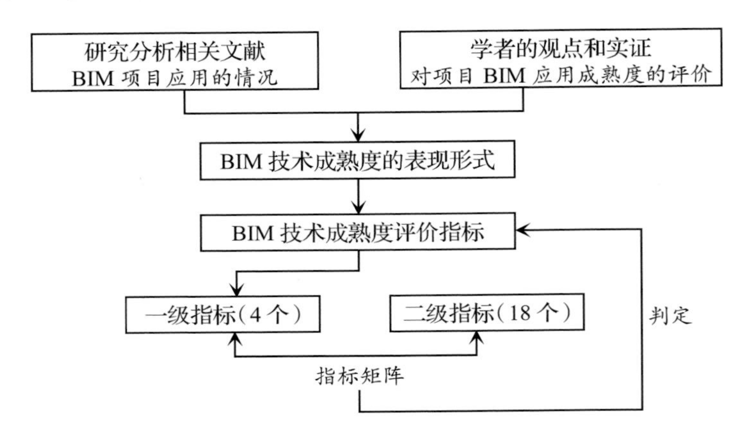

图 6-1　BIM 技术成熟度的评价

BIM 技术成熟的根本是项目岗位 BIM 运用的集成。因此，其成熟度应主要体现为岗位级应用的成熟度和岗位级工作协调的成熟度。

项目级BIM应用的成熟度标准着重于分析岗位级集成应用的指标和关键要素，BIM应用成熟度的判断应依据四大要素中各子要素在项目中所能满足职能要求的程度。根据 BIM 技术成熟度评价指标的分析，BIM 技术应用成熟度评价指标可以分为 4 个一级指标，18 个二级指标。具体各阶段成熟度表现及内涵和区分度详见表 6-1。

表 6-1　BIM 技术成熟度评价因素表

	一级指标	二级指标
BIM 技术成熟度评价指标	技术因素	BIM 研究及应用的经验； BIM 系统集成能力； BIM 本土化程度； BIM 软件功能完整度； BIM 软件二次开发能力
	组织因素	项目综合管理能力； 高层领导的支持； 项目团队的管理； BIM 岗位人员业务水平； BIM 岗位人员执行力
	经济因素	BIM 业务软硬件配置； BIM 业务人员的开支； BIM 前期效益； BIM 对项目工作模式重组成本
	环境因素	政府的 BIM 政策； 业主方对 BIM 使用要求； BIM 相关的法律法规； BIM 标准和操作指南

将二级指标进一步进行成熟度等级划分，分为初始级、应用阶段、准标准阶段、标准阶段、高度成熟和集成阶段，如表 6-2 所示。

表 6-2　BIM 技术二级指标成熟度等级

准则层	指标层	成熟度等级				
		初始级	应用阶段	准标准阶段	标准阶段	高度成熟和集成阶段
技术因素	BIM 研究及应用的经验					
	BIM 系统集成能力					
	BIM 本土化程度					
	BIM 软件功能完整度					
	BIM 软件二次开发能力					
组织因素	项目综合管理能力					
	高层领导的支持					
	项目团队的管理					
	BIM 岗位人员业务水平					
	BIM 岗位人员执行力					
经济因素	BIM 业务软硬件配置					
	BIM 业务人员的开支					
	BIM 前期效益					
	BIM 对项目工作模式重组成本					
环境因素	政府的 BIM 政策					
	业主方对 BIM 使用要求					
	BIM 相关的法律法规					
	BIM 标准和操作指南					

6.1.2 管理层面的评估

6.1.2.1 评估的目的

基于BIM的项目管理层面的评估，其根本目的是评估项目管理的成效，即根据项目管理的评估程序，利用 BIM 技术来判断建设项目的管理在限定的客观条件下是否可以实现项目的预期目标，并通过评估结果来修正建设项目，为后续项目积累经验。

6.1.2.2 评估的分类

基于BIM的建设项目管理评估定义,建设项目管理的评估有以下几种分类方式:一是根据评估对象进行区分,即项目评估与关联方评估;二是根据评估意图进行区分,即决策支持型评估与成果验证型评估;三是根据评估方法进行区分,主要分为客观性评估与结构性评估;四是根据时间阶段进行区分,主要分为设计阶段评估、施工阶段评估以及项目后评估等。

6.1.2.3 评估的方法

基于 BIM 的建设项目管理评估可以分为四个阶段:

(1)标准建立,基于特定业主的企业标准来构建针对建设项目的评估内容、评估对象,并将评估的结果在与各关联方的合同中明确;

(2)充分利用 BIM 平台,对项目建设过程的信息数据进行关联、采集、记录,并同步得出项目评估的结果,支持项目建设的进一步推进;

(3)项目决算后,对项目管理团队及各关联方进行评估,以 BIM 平台翔实的数据库为依据,判断各关联方职责的履行情况;

(4)对基于 BIM 的业主方项目评估成果进行汇总,对评估标准进行更新,保证评估标准的准确性。

评估流程如图 6-2 所示。

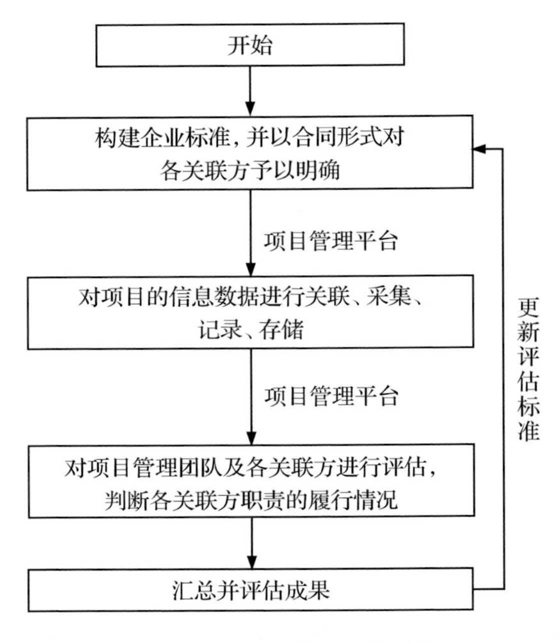

图 6-2 数字化管理评估流程

6.1.3 标准层面的评估

6.1.3.1 评估的目的

BIM 标准对 BIM 的成功实施具有决定性作用。只有充分评估行业 BIM 标准，将其细化形成适用于本项目的专用性、强制性标准，才能实现BIM标准的落地应用，扫清BIM实施的障碍。

6.1.3.2 标准的应用现状

当前无论是国家层面 BIM 标准体系还是地方的、行业的标准体系均不健全、不完善，许多标准还在编制中或报批中，而且现有可以参考的国际BIM标准体系和国内BIM标准体系均为建议性标准，更多的是通用性、建议性、原则性的标准，欠缺实操性和落地性。因此 BIM 标准层面的成熟度不高，是 BIM 实施的障碍之一。

6.1.3.3 标准的评估方法

标准的评估方法主要是对现有国家标准进行总结，提炼出适合本项目的一套标准体系。评估思路如图 6-3 所示。

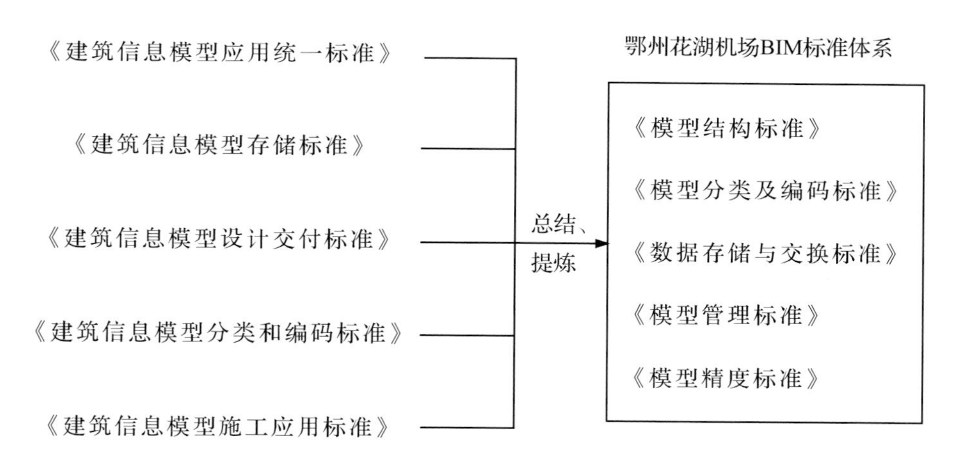

图 6-3 数字化标准评估思路

6.1.4 供方资源的评估

6.1.4.1 评估的目的

在 BIM 实施的过程中，对 BIM 实施供应商的能力评估是其中一项重要工作，也是决定 BIM 实施成功的关键。

6.1.4.2 评估的内容

BIM实施供应商的能力评估主要从关联方的BIM实施经验、BIM协作经验、BIM负责人、团队人员学历背景、软硬件配置五个维度，综合评定潜在供应商的BIM实施水平，详见表 6-3。

表 6-3　供应商 BIM 能力初步评估表

衡量要素	描述	能力水平						分值
		0	1	2	3	4	5	
BIM 实施经验	类似项目 BIM 实施经验	没有实施过	有零散的 BIM 应用，没有整体计划	协助其他团队实施过	有计划地领导实施过	已将 BIM 实施融入既有流程	有标准化的 BIM 实施流程	
BIM 协作经验	与其他团队进行协调 BIM 实施的意愿性	没有意愿与其他团队一起协作 BIM 实施	和其他团队协作，但不愿意和其他团队分享信息模型	和其他团队协作并愿意与其他团队分享信息模型	领导其他团队协作实施并鼓励模型信息分享	为项目共建 BIM 机房	团队激励在所有项目上共建机房	
BIM 负责人	BIM 实施能力	负责人没有 BIM 实施经验	负责人仅有有限的 BIM 实施经验	有较多的 BIM 实施经验	有广泛的 BIM 实施经验	有很强的 BIM 专业实施经验	能创造性地应用 BIM 技术	
团队人员学历背景	是否有建筑相关专业背景	不是建筑相关专业学历	不是建筑相关专业学历，会使用 BIM 软件	不是建筑相关专业学历，熟练使用 BIM 软件	建筑相关专业学历，能够使用 BIM 软件	建筑相关专业学历，熟练使用 BIM 软件	建筑相关专业学历，创造性使用 BIM 技术	
软硬件配置	具备实施 BIM 的软件及设施	无 BIM 软硬件	有部分软件及硬件配置	基本 BIM 软件及硬件配置	常规 BIM 软件及硬件配置	先进的 BIM 软件及硬件配置	建立了 BIM 软件及硬件更新程序	
总计	以上是所有分类的汇总，反映了各方面的能力程度							

6.2　BIM 技术关联方的采购策略

6.2.1　招标政策支持

民航局 2019 年 10 月 8 日出台《民航专业工程标准施工招标文件（2010 年版第二修订案）》，在这个修订案中，将 BIM 能力要求纳入评审，并参与评分，同意花湖机场在招标工作中先行先试（图 6-4），为遴选出有 BIM 能力的优质单位，提供了强有力的支撑。

招标过程对技术管理、过程管控标准进行评分评价、修订案、评标因素、评标专家

《民航专业工程标准施工招标文件（2010 年版第二修订案）》

第三章 评标办法（结合评估法）

评分因素、分值权重及评分标准						
条款号	评分因素	分值权重	各评分因素细项	评审内容和标准	子项目评分	子项目权重
			内容完整性和编制水平	由招标人根据项目特点细化确定	A_1（满分 100）	B_1
			BIM 技术应用（如有）	由招标人根据项目特点细化确定	A_8（满分 100）	B_8
			数字施工监控技术（如有）	由招标人根据项目特点细化确定	A_9（满分 100）	B_9
			绿色施工组织措施（如有）	由招标人根据项目特点细化确定	A_{10}（满分 100）	B_{10}
			其他建设与管理新技术应用（如有）	由招标人根据项目特点细化确定	A_{11}（满分 100）	B_{11}

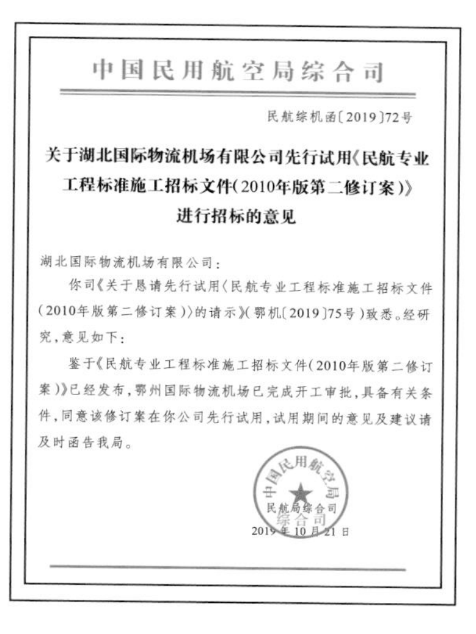

中国民用航空局综合司

民航综机函〔2019〕72号

关于湖北国际物流机场有限公司先行试用《民航专业工程标准施工招标文件（2010年版第二修订案）》进行招标的意见

湖北国际物流机场有限公司：

你司《关于恳请先行试用〈民航专业工程标准施工招标文件（2010年版第二修订案）〉的请示》（鄂机〔2019〕75号）致悉。经研究，意见如下：

鉴于《民航专业工程标准施工招标文件（2010年版第二修订案）》已经发布，鄂州国际物流机场已完成开工审批，具备有关条件，同意该修订案在你公司先行试用，试用期间的意见及建议请及时函告我局。

中国民用航空局 民航局综合司 综合司

2019年10月21日

图 6-4 招标政策支持

6.2.2 关联方工作任务

根据花湖机场项目整体实施规划及应用目标，满足各阶段实施需要，针对各参建方的工作任务，作详细梳理，明确工作任务，保证后续项目关联方采购、合同约束、管理协调有效实施。各 BIM 实施关联方的工作任务如表 6-4 所示。

表 6-4 各 BIM 实施关联方的任务表

关联方	BIM 实施主要工作
BIM 实施甲方	（1）组织策划项目 BIM 实施策略，确定项目 BIM 应用目标、应用要求，并落实相关费用； （2）委托工程项目的 BIM 总咨询/单项工程 BIM 咨询，BIM 总咨询/单项工程 BIM 咨询可以为满足要求的第三方咨询机构； （3）与项目各参建方签订合同； （4）接收通过审查的 BIM 交付模型和成果档案等
BIM 总咨询	（1）制定 BIM 实施规划方案，包括 BIM 实施技术标准、管理规范、总体策划等； （2）协助甲方开通和辅助管理 BIM 协同管理平台，并负责对甲方、各单项工程 BIM 咨询进行平台使用的培训； （3）对各单项工程 BIM 咨询宣贯前期阶段已制定的 BIM 实施规划方案； （4）审核单项工程 BIM 咨询项目实施细则和实施计划，监督单项工程 BIM 咨询的 BIM 实施工作； （5）校核单项工程 BIM 咨询审核成果； （6）充分挖掘 BIM 技术在花湖机场项目中的使用价值
单项工程 BIM 咨询	（1）组织、协调、管理各参建方的 BIM 实施工作； （2）对单项工程各参建方进行 BIM 实施细则交底； （3）单项工程 BIM 成果的收集、整合与发布，并对项目各参建方提供 BIM 技术支持； （4）审查各阶段项目参与方提交的 BIM 成果并提出审查意见，协助甲方进行 BIM 成果归档；

续表 6-4

关联方	BIM 实施主要工作
单项工程BIM 咨询	（5）协助 BIM 总咨询管理和维护 BIM 协同管理平台； （6）充分挖掘 BIM 技术在各单项工程中的使用价值，保证工程质量、进度及效益的提高
工程设计顾问	（1）配置 BIM 团队，制定专人负责内外部的总体沟通与协调； （2）审核单项工程设计总包和单项工程专业设计的 BIM 设计成果、审核施工过程 BIM 深化设计和BIM应用文件，对各阶段BIM设计成果和应用成果的正确性及可实施性提出审查意见； （3）借助 BIM 协同平台开展设计咨询管理工作； （4）根据合同要求提交 BIM 应用成果
单项工程监理	（1）配置BIM应用实施管理团队，指定专人负责内外部的总体沟通与协调，组织施工阶段BIM的实施工作； （2）配合单项工程BIM咨询审核单项工程施工总包提交的深化设计模型、施工过程模型和竣工模型，并对 BIM 交付模型的正确性及可实施性提出审查意见； （3）配合单项工程 BIM 咨询方对各参与方提交的 BIM 成果进行监督和审查； （4）各参建方报验支付阶段的 BIM 成果审核； （5）借助BIM协同平台实现施工现场质量控制、进度控制、投资控制、安全管理、合同管理、信息管理等工作，并对监理 BIM 应用成果进行归档
单项工程设计总包（单项工程专业设计分包）	（1）配置BIM团队，指定专人负责内外部的总体沟通与协调，组织设计阶段BIM的实施工作； （2）基于甲方选定的 BIM 软件及平台完成本项目设计阶段 BIM 设计、应用、出图及信息录入等工作； （3）配合甲方审核单项工程施工总包提交的深化设计模型、施工模型和竣工模型，分阶段核查模型是否符合设计图纸及变更图纸要求； （4）单项工程专业设计分包应负责合同范围内的BIM模型设计和应用，提供符合合同约定的BIM 应用成果； （5）接受单项工程 BIM 咨询方的监督，对 BIM 咨询方提出的成果审查意见及时整改落实
单项工程施工总包（单项工程施工分包）	（1）配置BIM应用实施管理团队，指定专人负责内外部的总体沟通与协调，组织施工阶段BIM的实施工作； （2）完成 BIM 模型的深化和施工 BIM 应用成果，且在施工过程中及时更新，保持适用性； （3）单项工程施工总包根据合同确定的工作内容，协调校核各分包单位施工 BIM 模型，将各分包单位的交付模型整合到施工总承包的施工 BIM 交付模型中； （4）单项工程施工分包应负责合同范围内的BIM模型深化、更新和维护工作，利用BIM模型指导施工，配合总承包单位的 BIM 工作，并提供符合合同约定的 BIM 应用成果； （5）接受单项工程 BIM 咨询方的监督，对 BIM 咨询提出的交付成果审查意见及时整改落实
单项工程运维	（1）在设计和施工阶段提前配合单项工程 BIM 咨询方，确定 BIM 数据交付要求及数据格式，并在竣工阶段配合单项工程 BIM 咨询方审核交付模型，提出审核意见； （2）接收竣工 BIM 交付模型，并根据运维需求开展 BIM 实施工作
工程主供应商	（1）完成合同范围内相应设备模型构件的创建和细化（包括模型几何信息和非几何信息），在单项工程 BIM 咨询方的统一要求下，对设备构件进行深化、更新和维护； （2）指定专人负责内外部的总体沟通与协调，组织施工阶段 BIM 的实施工作
单项工程造价咨询	（1）配置 BIM 造价咨询团队，指定专人负责内外部的总体沟通与协调，组织施工阶段 BIM 的实施工作； （2）结合 BIM 技术辅助进行工程概算、预算及竣工结算工作，在出现变更时，更新造价版本； （3）根据合同要求提交 BIM 工作成果，并保证其正确性和完整性

6.2.3 关联方能力要求

依据BIM实施甲方对各关联方关于BIM实施的合同要求，以及各阶段确定的“BIM实施细则”内容，明确各关联方在项目中的具体职责与权限范畴，以保证项目的高效实施，详见表6-5。

表 6-5 BIM 实施协同工作和权限责任分配矩阵

标注	
	I＝任务执行/成果交付方
	A＝任务协同方/参与方
	S＝过程监管方
	V＝成果审核方
	R＝成果审批方
	O＝成果应用方

说明：表中：“BIM 实施甲方”为机场-单项工程（例如转运中心）建设方项目负责人，兼任本单项工程 BIM 咨询项目甲方；“BIM 总咨询”为机场-BIM 实施总咨询项目乙方；“单项工程 BIM 咨询”为机场-单项工程 BIM 实施咨询项目乙方。

1	BIM实施准备阶段	BIM实施甲方	单项工程BIM咨询	BIM总咨询	工程设计顾问	单项工程监理	单项工程设计总包	单项工程施工总包	工程主供应商	单项工程运维	其他
1.1	合同文件 BIM 条款的解读确认	S	I	S	I	I	I	I	I	I	I
1.2	修订会签《项目 BIM 实施细则》	R	I	V	A	A	A	A	A	A	A
1.3	编制会签《项目 BIM 实施计划》	R	I	V	A	A	A	A	A	A	A
1.4	建立“BIM 实施协调管理平台”	R/O	I/O	I/O	O	O	O	O	O	O	O
1.5	发布培训《BIM 实施协同规范》	R	I	V	O	O	O	O	O	O	O
1.6	协助甲方进行关联方招标管理	I	A	V	O	O	O	O	O	O	O
2	方案设计阶段	BIM实施甲方	单项工程BIM咨询	BIM总咨询	工程设计顾问	单项工程监理	单项工程设计总包	单项工程施工总包	工程主供应商	单项工程运维	其他
2.1	方案设计阶段 BIM 实施细则交底	R	I	V	A	A	A	A	A	A	A
2.2	方案设计阶段 BIM 建模		S/V	S/V	V	S	I	A	A		A
2.3	模型审核		I	S/V	I	S	A				

续表 6-5

2.4	BIM 模型应用		S/V	S/V	V	S	I				
2.5	应用点检查及评价		S/V	S/V	V	S	I				
2.6	模型综合会审会签	I	I	I	I	S	I	A	A	A	A
2.7	阶段成果审核	R	I	S/V	A	A	A	A	A	A	A
2.8	阶段成果入库		I	S/V	A	A	A	A	A	A	A
2.9	支付审核	R	I	S/V	I						
2.10	成果发布与配置管理	R	I	I							
3	**初步设计阶段**	**BIM 实施甲方**	**单项工程 BIM 咨询**	**BIM 总咨询**	**工程设计顾问**	**单项工程监理**	**单项工程设计总包**	**单项工程施工总包**	**工程主供应商**	**单项工程运维**	**其他**
3.1	初步设计阶段 BIM 实施细则交底	R	I	V	A	A	A	A	A	A	A
3.2	初步设计阶段 BIM 建模		S/V	S/V	V	S	I	A	A		A
3.3	模型审核		I	S/V	I	S	A				
3.4	BIM 模型应用		S/V	S/V	V	S	I				
3.5	应用点检查及评价		S/V	S/V	V	S	I				
3.6	模型综合会审会签	I	I	I	I	S	I	A	A	A	A
3.7	二维初设图出图	R	S/V	S/V	V	S	I	O			
3.8	初设图综合会审会签	R	S	S	I	S	I	A	A	A	A
3.9	阶段成果审核	R	I	S/V	A	A	A	A	A	A	A
3.10	阶段成果入库		I	S/V	A	A	A	A	A	A	A
3.11	支付审核	R	I	S/V	I						
3.12	成果发布与配置管理	R	I	I							
4	**施工图设计阶段**	**BIM 实施甲方**	**单项工程 BIM 咨询**	**BIM 总咨询**	**工程设计顾问**	**单项工程监理**	**单项工程设计总包**	**单项工程施工总包**	**工程主供应商**	**单项工程运维**	**其他**
4.1	施工图设计阶段 BIM 实施细则交底	R	I	V	A	A	A	A	A	A	A
4.2	施工图设计阶段 BIM 建模		S/V	S/V	V	S	I	A	A		A
4.3	模型审核		I	S/V	I	S	A				
4.4	BIM 模型应用		S/V	S/V	V	S	I				

续表 6-5

4.5	应用点检查及评价		I	S/V	V	S	A				
4.6	多专业 BIM 模型综合		V	S/V	V	S	I				
4.7	模型综合会审会签	I	I	I	I	I	I	A	A	A	A
4.8	施工图模型信息录入		S/V	S/V	V	S	I				
4.9	二维施工图出图	R	S/V	S/V	V	S	I	O			
4.10	施工图综合会审会签	R	S	S	I	S	I	A	A	A	A
4.11	阶段成果审核/报验	R	I	S/V	A	A	A	A	A	A	A
4.12	阶段成果入库		I	S/V	A	A	A	A	A	A	A
4.13	支付审核	R	I	S/V	I						
4.14	成果发布与配置管理	R	I	I							
5	**施工准备阶段**	**BIM实施甲方**	**单项工程 BIM 咨询**	**BIM 总咨询**	**工程设计顾问**	**单项工程监理**	**单项工程设计总包**	**单项工程施工总包**	**工程主供应商**	**单项工程运维**	**其他**
5.1	施工准备阶段 BIM 实施细则交底	R	I	V	A	A	A	A	A	A	A
5.2	BIM 辅助施工深化设计		S/V	S/V	V	S	V	I	A		A
5.3	深化模型审核		I	S/V	I	S	A	A			
5.4	变更洽商	R	S/V	S/V	V	V	A	I			
5.5	设计变更	R	S/V	S/V	V	S	I				
5.6	变更模型审核		I	S/V	I	S	A	A			
5.7	BIM 施工深化模型维护更新		S/V	S/V	V	S	V	I			
5.8	深化模型更新审核		I	S/V	I	S	A	A			
5.9	阶段成果审核/报验	R	I	S/V	A	A	A	A	A	A	A
5.10	阶段成果入库		I	S/V	A	A	A	A	A	A	A
5.11	支付审核	R	I	S/V	I						
5.12	成果发布与配置管理	R	I	I							

续表 6-5

6	施工阶段	BIM实施甲方	单项工程BIM咨询	BIM总咨询	工程设计顾问	单项工程监理	单项工程设计总包	单项工程施工总包	工程主供应商	单项工程运维	其他
6.1	施工模型应用		S/V	S/V	V	S/V	A	I			A
6.2	应用内容检查		S/V	I	A	S/V	A	A			
6.3	施工变更	R	S/V	S/V	A	V	A	I			
6.4	变更模型审核		I	S/V	I	S	A	A			
6.5	BIM 施工模型维护更新		S/V	S/V	V	S	V	I			
6.6	施工模型更新审核		I	S/V	I	S	A	A			
6.7	施工模型信息录入		I	S/V	A	S	A	A	A	A	A
6.8	阶段成果审核/报验	R	I	S/V	A	A	A	A	A	A	A
6.9	阶段成果入库		I	S/V	A	A	A	A	A	A	A
6.10	支付审核	R	I	S/V	I						
6.11	成果发布与配置管理	R	I	I							
7	竣工阶段	BIM实施甲方	单项工程BIM咨询	BIM总咨询	工程设计顾问	单项工程监理	单项工程设计总包	单项工程施工总包	工程主供应商	单项工程运维	其他
7.1	竣工阶段 BIM 实施细则交底	R	I	S/V	A	A	A	A	A	A	A
7.2	竣工模型/图纸整合		V	S/V	A	S/V	A	I			
7.3	模型审核		I	S/V	A	S	A	A			
7.4	BIM 模型应用		S/V	S/V	V	S/V	A	I			
7.5	应用点检查评价		I	S/V	A	S/V	A	A			
7.6	竣工模型信息录入		I	S/V	A	S	A	A	A	A	A
7.7	二维竣工图出图	R	S/V	S/V	A	S	A	I			
7.8	竣工图综合会审	R	S	S	A	I	I	I	A	A	A
7.9	阶段成果审核/报验	R	I	S/V	A	A	A	A	A	A	A
7.10	阶段成果入库		I	S/V	A	A	A	A	A	A	A
7.11	支付审核	R	I	S/V	I						
7.12	成果发布与配置管理	R	I	I							

6.2.4 关联方交付要件

BIM 实施各关联方应根据 BIM 应用的具体内容和成果需求，从相应阶段 BIM 中提取所需的信息，并根据模拟分析结果编写报告，形成交付成果要件。BIM 咨询顾问应根据BIM实施管理过程，编制过程审核文件（工作报告、评估报告）、管理流程文件（会议纪要、工作联系单），作为交付成果要件。所有交付内容须满足应用和管理需求，还应包括应用相关的模拟视频、效果图片、审核浏览文件等。交付成果内容主要包括设计、施工、运维三大类，各关联方交付成果要件举例如表 6-6 所示。

表 6-6　各关联方交付成果要件举例

序号	阶段	交付单位	交付成果
1	设计阶段	单项工程设计总包	设计各阶段设计模型
			设计各阶段专项分析模型
			设计各阶段完整的工程图纸
			设计各阶段基于 BIM 的模拟分析报告
			设计各阶段工程量统计报表
			设计各阶段模型属性信息表
			建筑指标表
			虚拟模拟动画、方案效果图等多媒体文件
		单项工程 BIM 咨询	过程审核文件（工作报告、评估报告）
			管理流程文件（会议纪要、工作联系单）
2	施工阶段	单项工程施工总包	管线综合分析报告及深化图纸
			施工场地布置模拟报告（含场地布置方案文档）
			施工设备模拟报告（含设备清单文档）
			施工进度模拟报告（含施工进度计划文档）
			施工工艺模拟报告（含施工技术交底文档）
			施工节点验收可视化视频展示
			施工阶段工程量统计分析报告及工程量清单
			施工阶段节点模型
			施工竣工模型
			施工各阶段模型属性信息表
		单项工程 BIM 咨询	过程审核文件（工作报告、评估报告）
			管理流程文件（会议纪要、工作联系单）
3	运维阶段	单项工程运维	运维模型
			更新后的运维模型

6.2.5 关联方招采流程

针对 BIM 实施关联方的采购管理，大致可分为以下五个管控流程：

6.2.5.1 关联方市场调研

前期关联方的甄选，可通过业界口碑、行业排名、专家推荐、网络搜索等途径获取优质、潜在的供应商。调研过程中，结合项目的重难点问题与潜在供应商沟通交流，一方面可以初步评估潜在的供应商的 BIM 实施能力水平和市场供应情况，另一方面也可以评估和修正本项目 BIM 实施的目标深度和广度。

6.2.5.2 招标准备工作

市场调研后，结合调研结果与本项目的实际情况，编写关联方招标文件的BIM技术部分，包括但不限于 BIM 实施内容、技术要求、管理要求、交付要求等，明确 BIM 相关的合同条款，清晰描述关联方在 BIM 实施过程中的“责”“权”“利”，完成 BIM 相关的招标准备工作，提出相应的评定方案。

为了能让所有潜在投标人更好理解数字建造的要求，建设单位在总包招标前组织了四次大型的“鄂州花湖机场工程管理新技术应用宣讲会”，共邀请了上百家潜在投标人，宣讲会从BIM、智慧工地、计量支付、质量验评等多维度全方位向投标人讲解新技术的思路，创造公平公开的招标采购环境。

6.2.5.3 供应商资格预审

关联方的采购工作，重点工作在于如何甄选出能够具备本项目 BIM 应用条件和能力的关联方。如非公开招标项目，可以增加资格预审环节，除对供应商的资信审核外，也可以对其 BIM 实施能力进行综合性考察。考察关联方是否能够充分理解本项目关于基于 BIM 技术的工程建造模式的意图、决心和实施路线；同时也考察关联方 BIM 实施的技术能力和管理能力。如公开招标项目，可将此环节考察内容整合到正式招标文件中进行。

6.2.5.4 供应商招标比选

招标文件正式发布后的答疑阶段，对于 BIM 的问题进行澄清回复。开标后的技术评定环节，可采用更好体现BIM能力的技术支持（模型演示等），辅助评标专家进行BIM部分的技术评定工作。

6.2.5.5 合同清标与签订

选定中标单位后，甲方可组织合同清标会，BIM 部分的合同条款、实施内容、实施要求需与中标单位进行技术性复核。如有变化的内容，经双方协商一致后，可以清标会议纪要的形式在合同中进行条款的补充说明，再行签订合同。采购实施流程详见图 6-5。

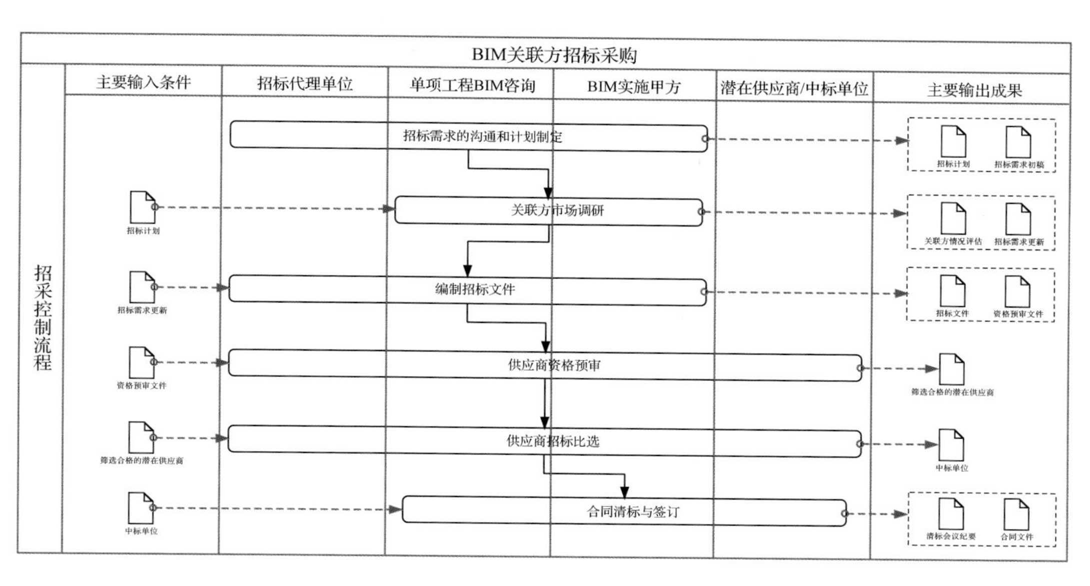

图 6-5　采购实施流程图

6.2.6　关联方合同文本 BIM 相关内容

以下从合同协议书、通用合同条款、专业合同条款、合同附件等各关联方合同文本的组成部分，针对各参建方合同条款内容对 BIM 实施相关内容做相应阐述。具体合同条款根据各参建方合同文本形式、BIM 应用阶段和 BIM 应用点在合同文本内进行详细规定。

6.2.6.1　单项工程设计总包合同文本 BIM 相关内容

详见表 6-7。

表 6-7　单项工程设计总包合同文本 BIM 相关内容

合同组成部分	合同条款	合同条款 BIM 实施相关内容
合同协议书	合同文本构成	合同文本构成增加 BIM 模型
通用合同条款	工程设计服务、资料与文件	增加 BIM 技术服务定义描述
	合同文件的优先顺序	合同优先顺序部分匹配增加 BIM 模型的优先顺序
	设计人一般义务	增加提供 BIM 模型、BIM 应用报告、BIM 技术服务的义务
	设计人员	增加 BIM 技术应用专业人员要求，人员中增加 BIM 技术应用专业负责人，设计人员具备 BIM 能力
	工程设计文件交付	交付内容中增加 BIM 模型及相关 BIM 技术文件； 交付方式中增加对 BIM 模型及相关 BIM 技术文件的交付要求
	工程设计文件审查	设计文件审查中增加“含 BIM 技术成果文件”

续表 6-7

合同组成部分	合同条款	合同条款 BIM 实施相关内容
通用合同条款	施工现场配合服务	增加 BIM 环境下的设计技术交底和深化设计 BIM 模型审核,并进行设计交底和现场服务
	合同价款与支付	合同价款组成中增加工程设计 BIM 技术服务费用
	知识产权	增加 BIM 模型的知识产权要求
专业合同条款	词语定义与解释	成果内容的定义中增加 BIM 模型
	技术标准和功能要求的特殊要求	本项目采用 BIM 正向实施,具体 BIM 技术实施标准,设计人应遵循发包人批准使用的企业标准,地方、行业、国家等标准
	发包人义务	增加"发包人负责组织对设计人阶段性成果的确认,但发包人对设计人成果(BIM 模型)或文件报告的审核和确认不能免除设计人相应的责任"
	设计人一般义务	增加"设计人完成的所有 BIM 正向实施的方案、协同管理流程等需获得 BIM 咨询顾问及发包人审核后实施,设计人有责任保证相关 BIM 正向实施的方案、协同管理流程的执行切实有效,具备实操性且与项目特点相吻合。BIM 咨询顾问及发包人对上述内容的审核,亦不能使设计人在实施规划、协同管理等落地或实施过程中免责,出现任何实施规划、协同管理落地或实施方面的障碍,设计人须负责提供不影响进度计划的解决方案。否则视为设计人未尽职责,并承担相应违约责任"
		增加"设计人应使用正版软件、系统及平台,并在发包人要求时提供有关证明文件。如因版权问题给发包人造成声誉及经济损失时,设计人应出面处理并赔偿相应经济损失"
	工程设计要求	本项目采用 BIM 正向实施,具体 BIM 技术实施标准,设计人应遵循发包人批准使用的企业标准,地方、行业、国家等标准
	工程设计进度与周期	增加 BIM 模型/应用报告及相关文件具体进度及时间安排
	工程设计文件交付	交付文件的形式增加 BIM 模型、应用报告的具体要求
	设计人违约责任	增加 BIM 交付成果逾期应承担的违约责任
		增加包括 BIM 模型深化出现碰撞等问题,造成后续工程事故或经济损失的违约责任
附件	工程设计范围、阶段与服务内容	增加 BIM 设计任务部分及 BIM 要求,明确 BIM 应用点
	发包人向设计人提交的有关资料及文件一览表	增加 BIM 文件目录描述
	设计人向发包人交付的工程设计文件目录	交付文件中增加 BIM 模型及相关 BIM 技术文件

续表 6-7

合同组成部分	合同条款	合同条款 BIM 实施相关内容
附件	设计人中主要设计人员表	设计人员具备 BIM 能力
		主要设计人员中增加 BIM 技术应用负责人
	设计进度表	结合工作任务书，增加 BIM 技术服务进度表
	设计费明细及支付方式	本项目为 BIM 正向实施，BIM 技术服务费应根据应用点单独列支，具体报价方式应与设计费结合
		支付条件与 BIM 成果结合，如验收通过的设计成果、BIM 成果、BIM 咨询顾问提供的评价报告等

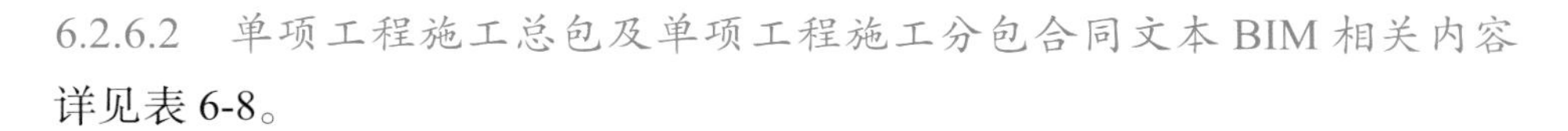

6.2.6.2 单项工程施工总包及单项工程施工分包合同文本 BIM 相关内容详见表 6-8。

表 6-8 单项工程施工总包及单项工程施工分包合同文本 BIM 相关内容表

合同组成部分	合同条款	合同条款 BIM 实施相关内容
合同协议书	工程承包范围	增加 BIM 技术服务内容的描述
	工程质量标准	增加 BIM 技术服务质量标准的约定
通用合同条款	合同文本	合同文本的组成内增加 BIM 模型和应用文件
	技术与设计	发包人提供的工艺技术和建筑设计方案内增加 BIM 设计模型和应用文件的内容
	知识产权	增加 BIM 模型的知识产权要求
专业合同条款	定义与解释	成果内容的定义中增加 BIM 模型
	标准、规范	增加 BIM 实施团队应遵循发包人批准使用的企业标准，地方、行业、国家等标准
	发包人义务	增加提供 BIM 设计模型、应用文件、协同平台、审核深化模型的义务
		增加“发包人负责组织对施工深化模型阶段性成果的确认，但发包人对成果（BIM 深化模型）或文件报告的审核和确认不能免除模型深化人员相应的责任”
	承包人义务	施工方增加“应负责合同范围内的 BIM 模型深化、更新和维护工作；利用 BIM 模型指导施工”
		单项工程施工总包还需增加“协调校核各分包单位施工 BIM 模型，将各分包单位的交付模型整合到施工总承包的施工 BIM 交付模型中”
		单项工程分包还需增加“配合单项工程施工总包的 BIM 工作，并提供符合合同约定的 BIM 应用成果”
		增加“深化设计人员应使用正版软件、系统及平台，并在发包人要求时提供有关证明文件。如因版权问题给发包人造成声誉及经济损失时，深化设计人应出面处理并赔偿相应经济损失”

续表 6-8

合同组成部分	合同条款	合同条款 BIM 实施相关内容
专业合同条款	BIM 模型深化要求	模型深化实施人应遵循发包人批准使用的企业标准，地方、行业、国家等标准
	BIM 模型深化进度与周期	增加 BIM 模型深化及应用文件具体进度及时间安排
	BIM 模型深化文件交付	交付文件的形式增加 BIM 模型深化文件、应用报告的具体要求
	投标人违约责任	增加 BIM 交付成果逾期应承担的违约责任
		增加包括 BIM 模型深化出现碰撞等问题，造成后续工程事故或经济损失的违约责任
附件	工程服务范围、阶段与服务内容	增加 BIM 应用范围和应用点的详细描述
	发包人向投标人提交的有关资料及文件一览表	增加 BIM 文件目录描述
	投标人向发包人交付的工程设计文件目录	交付文件中增加 BIM 模型及相关 BIM 技术文件
	投标人主要 BIM 实施团队人员表	实施人员中增加具备 BIM 能力的专业人员
		主要实施人员中增加 BIM 技术应用负责人
	设计进度表	结合工作任务书，增加 BIM 技术服务进度表
	费用明细及支付方式	本项目为 BIM 正向实施，关于 BIM 技术服务费，应与施工费明细和支付方式一并约定，具体报价方式应单独列出
		支付条件与 BIM 交付成果结合，如验收通过的模型深化成果、BIM 应用成果、BIM 咨询顾问提供的评价报告等

6.2.6.3 单项工程监理合同文本 BIM 相关内容

详见表 6-9。

表 6-9 单项工程监理合同文本 BIM 相关内容表

合同组成部分	合同组成条款	BIM 实施相关内容
合同协议	合同文本构成	合同文本构成增加 BIM 模型
通用合同条款	工程监理服务、资料与文件	增加 BIM 技术服务定义描述
	合同文件的优先顺序	合同优先顺序部分匹配增加 BIM 模型的优先顺序
	知识产权	增加 BIM 模型的知识产权要求
专业合同条款	词语定义与解释	成果内容的定义中增加 BIM 模型
	技术标准和功能要求的特殊要求	本项目采用 BIM 正向实施，具体 BIM 技术实施标准，监理团队应遵循发包人批准使用的企业标准，地方、行业、国家等标准开展监理工作

续表 6-9

合同组成部分	合同组成条款	BIM 实施相关内容
专业合同条款	投标人一般义务	增加BIM监理专业人员要求，人员中增加BIM技术应用专业负责人，监理人员具备BIM能力。增加指定专人负责内外部的总体沟通与协调，监督管理施工阶段BIM的实施工作
		增加“配合BIM项目总包审核施工单位提交的深化设计模型、施工过程模型和竣工模型，并对BIM交付模型的正确性及可实施性提出审查意见”
		增加配合BIM项目总包对各参与方提交的BIM成果进行监督和审查，监督BIM正向实施的义务
	投标人违约责任	增加未发现BIM模型碰撞等问题，造成后续工程事故或经济损失的违约连带责任
附件	工程服务范围、阶段与服务内容	增加BIM应用范围和应用点的详细描述
	发包人向投标人提交的有关资料及文件一览表	增加BIM文件目录描述
	投标人主要BIM实施团队人员表	监理人员中增加BIM技术应用专业负责人，专业人员具备运用BIM实施监理的能力
	监理费明细及支付方式	BIM技术服务费应与监理费明细和支付方式一并约定，具体报价方式应单独列支

6.2.6.4 单项工程运维合同文本 BIM 相关内容

详见表 6-10。

表 6-10 单项工程运维合同文本 BIM 相关内容表

合同组成部分	合同组成条款	BIM 实施相关内容
合同标的	服务内容、范围	相关服务范围和内容增加BIM应用范围和应用点的详细描述
合同价款及支付	费用明细	关于BIM技术服务费，应与运营服务费明细和支付方式一并约定，具体费用应单独列支
	费用支付	支付条件与BIM成果结合，如BIM运维平台搭建完成、BIM咨询顾问提供的评价报告等
提供服务的时间地点方式	提供服务的方式	增加BIM相关内容服务
服务质量要求及技术标准	质量要求与技术标准	具体BIM技术实施标准，团队应遵循发包人批准使用的企业标准，地方、行业、国家等标准开展监理工作

续表 6-10

合同组成部分	合同组成条款	BIM 实施相关内容
权利与义务	发包人	增加发包人需提供的BIM模型和应用文件、运维信息等BIM相关交付数据
	投标人义务	增加"搭建基于BIM的项目运维管理平台进行日常管理,并对BIM模型进行深化、更新和维护,保持适用性"
		增加"对BIM运维模型及相关成果进行日常管理,并对其进行深化、更新和维护,保持适用性"
验收	验收标准	增加运维平台验收标准BIM相关内容
保密	知识产权	增加BIM模型的知识产权要求
违约责任	投标人违约责任	增加包括基于BIM的运维平台更新维护不及时等问题,造成后续发包人经济损失的违约责任

6.2.6.5 工程主供应商合同文本 BIM 相关内容

详见表 6-11。

表 6-11 工程主供应商合同文本 BIM 相关内容表

合同组成部分	合同组成条款	BIM 实施相关内容
合同标的	服务内容、范围	相关服务范围和内容增加BIM相关内容
合同价款及支付	费用明细	关于BIM技术服务费,应与设备供应费明细和支付方式一并约定,具体BIM实施费用单独列支
	费用支付	支付条件与BIM成果结合,如设备模型构件创建、BIM咨询顾问提供的评价报告等
提供服务的时间地点方式	提供服务的方式	增加BIM相关服务的提供要求
服务质量要求与技术标准	质量要求及技术标准	具体BIM技术标准,设备供应商应遵循发包人批准使用的企业标准,地方、行业、国家等标准
权利与义务	发包人	增加发包人需提供的BIM模型和应用文件等BIM相关交付数据
	投标人义务	增加完成合同范围内相应设备模型构件的创建和细化并在BIM项目总包的统一要求下,对BIM协同平台中的设备构件进行深化、更新和维护的要求
		指定专人负责内外部的总体沟通与协调,组织施工阶段BIM的实施工作
验收	验收标准	增加设备验收标准BIM相关内容
保密	知识产权	增加BIM模型的知识产权要求
违约责任	投标人违约责任	增加包括基于设备模型信息错误等问题,造成后续发包人经济损失的违约责任

6.2.6.6 单项工程造价咨询合同文本 BIM 相关内容

详见表 6-12。

表 6-12 单项工程造价咨询合同文本 BIM 相关内容表

合同组成部分	合同组成条款	BIM 实施相关内容
协议书	服务范围及工作内容	服务范围和内容增加 BIM 相关内容
	质量标准	应遵循发包人批准使用的企业标准,地方、行业、国家等标准
通用条款	造价咨询人员	增加 BIM 造价咨询专业人员要求。人员中增加 BIM 技术应用专业负责人,专业人员具备 BIM 能力
	知识产权	增加 BIM 模型的知识产权要求
专业条款	发包人义务	增加发包人需提供的BIM设计模型和应用文件等BIM相关设计文件
	投标人义务	增加结合 BIM 技术辅助进行工程概算、预算及竣工结算工作
		增加运用 BIM 技术进行变更前后造价对比的要求
	费用明细	关于BIM技术服务费,应与造价咨询服务费明细和支付方式一并约定,BIM 实施费用应单独列支
	费用支付	支付条件与 BIM 成果结合
	投标人违约责任	增加包括基于 BIM 工作成果达不到发包人要求标准等问题,造成后续发包人经济损失的违约责任

6.3 BIM 相关部分评标标准

投标文件中,BIM 相关部分的评标可分为技术文档和实例文件两个部分。一方面,从技术文档考核投标单位的资质实力、技术路线和管理措施等;另一方面,从实例文件考核投标单位的 BIM 实操能力及技术水平。

以花湖机场项目的单项工程施工总包单位的 BIM 部分评分标准为例,进行评分内容的说明,详见表 6-13。

表 6-13　单项工程施工总包 BIM 部分评分标准样例

序号	分项	子分项	分值	评分说明
×××	承包人须在投标阶段编制《施工阶段 BIM 实施方案》,对工程信息模型技术实施要求的内容进行响应,阐述本项目 BIM 实施重难点及管控措施,并提出 BIM 实施建议(　分)	人员能力与软件配置	分	人员及软件配置充分、合理,完全满足工程信息模型技术实施要求,　分;提供人员清单表格中,BIM 技术人员同时具备二级建造师执业资格证、中级工程师职称及 BIM 证书[具备以下证书之一: (1)全国 BIM 应用技能证书,中国建设教育协会,二级及以上; (2)全国 BIM 技能等级证书,中国图学学会及国家人力资源和社会保障部,二级及以上; (3)Autodesk 工程师证书(Autodesk Certified Professional),Autodesk,Level 1 及以上; (4)工业及信息化系统专业技能证书,工业和信息化部电子行业职业技能鉴定指导中心,BIM 战略规划; (5)BIM 其他相关证书] 每个得　分,最多得　分
				人员及软件配置部分满足工程信息模型技术实施要求,　分;提供人员清单表格中,BIM 技术人员同时具备二级建造师执业资格证、中级工程师职称及 BIM 证书[具备以下证书之一: (1)全国 BIM 应用技能证书,中国建设教育协会,二级及以上; (2)全国 BIM 技能等级证书,中国图学学会及国家人力资源和社会保障部,二级及以上; (3)Autodesk 工程师证书(Autodesk Certified Professional),Autodesk,Level 1 及以上; (4)工业及信息化系统专业技能证书,工业和信息化部电子行业职业技能鉴定指导中心,BIM 战略规划; (5)BIM 其他相关证书] 每个得　分,最多得　分
				人员及软件配置完全不满足本项目实施需求,0 分
		BIM 实施技术路线	分	BIM 实施技术路线合理可行,　分
				BIM 实施技术路线部分合理可行,　分
				BIM 实施技术路线未响应工程信息模型技术实施要求,不合理不可行,0 分
		BIM 实施内容	分	完全响应工程信息模型技术实施要求,BIM 实施内容全面,　分
				BIM 实施内容不全面,　分
				未响应工程信息模型技术实施要求的 BIM 实施内容,0 分
		BIM 实施重难点分析及应对措施	分	BIM 实施重难点分析及应对措施合理,　分

续表 6-13

序号	分项	子分项	分值	评分说明
×××	承包人须在投标阶段编制《施工阶段 BIM 实施方案》,对工程信息模型技术实施要求的内容进行响应,阐述本项目 BIM 实施重难点及管控措施,并提出 BIM 实施建议(　分)	BIM 实施重难点分析及应对措施	分	BIM 实施重难点分析及应对措施部分合理,　分
				BIM 实施重难点分析及应对措施完全不合理,0 分
		BIM 实施计划及进度、质量、风险管控策略	分	BIM 实施计划安排合理,BIM 实施进度、质量及风险管控策略合理,　分
				BIM 实施计划安排基本合理,BIM 实施进度、质量及风险管控策略部分合理,　分
				BIM 实施计划安排不合理,BIM 实施进度、质量及风险管控策略完全不合理,0 分
		BIM 实施建议	分	BIM 实施建议合理且符合本项目实际,　分
				BIM 实施建议部分合理、部分符合本项目实际,　分
				BIM 实施建议不合理,完全不符合本项目实际,0 分
×××	承包人须在投标阶段按照招标文件的 BIM 技术要求,完成某区域模型的深化,并上传至发包人指定的项目管理平台进行应用(　分)	施工深化设计模型	分	模型几何精度和属性信息与 BIM 技术要求完全匹配且模型完整,深化设计模型中包括钢结构连接节点、幕墙连接节点、支吊架等深化构件,　分
				不完全匹配、深化构件部分缺失,　分
				深化构件未创建,0 分
		深化设计模型平台应用	分	—

7 花湖机场工程数字化软硬件环境专题策划

开展工程数字化应用离不开软硬件基础设施及应用环境（主要包括BIM应用和数字化施工管理所需的软硬件技术条件），而建设方更多是基于BIM的全过程项目管理的需求来构建BIM应用环境，为保障花湖机场BIM实施和数字化施工管理两条工作主线的顺利实施，必须建立起满足其使用要求的数字化软硬件环境。

为此，本章基于花湖机场工程数字化软硬件环境专题策划需求，首先通过梳理BIM软件不同使用阶段、使用对象的相关特点，分析了BIM工具类软件。其次，针对BIM数据信息管理平台的基本功能和建设目标，构建了基于BIM的工程项目管理平台。然后，结合BIM实施对硬件资源要求和企业未来发展提出了硬件及网络环境策略。最后，根据花湖机场工程数字化信息安全管理要求，制定了数据安全管理策略。

本章充分结合花湖机场数字建造的需求，对BIM工具软件、基于BIM的工程项目管理平台、数字化施工管理平台、硬件及网络环境、数据安全进行了全方位策划，为花湖机场数字建造奠定了软硬件基础。

7.1 BIM工具类软件

BIM工具类软件主要是指用以创建模型、深化设计模型或对BIM搭载的数据信息进行加工处理的一类软件，通常指的是建模类软件和性能模拟分析类软件。此类软件是应用范围最广、应用程度最深的BIM软件，其发展及应用也是影响行业BIM技术发展的关键因素。BIM工具类软件主要的应用对象是设计单位、施工单位或咨询单位。设计单位采用BIM工具类软件主要是为了完成设计成果（模型或图纸）或辅助完成设计成果，为业主或建设方交付高质量的设计产品。施工单位采用BIM工具类软件可以完成深化设计、施工方案模拟等工作，为施工前的准备工作提供决策支持。咨询单位采用BIM工具类软件则主要是协助或代替设计或施工单位完成相关工作。BIM工具类软件及其使用阶段、主要使用对象详见表7-1。

表 7-1 BIM 工具类软件分析表

软件类别	主要功能	使用阶段	主要使用对象
Autodesk Infraworks 2018 版、AutoCAD Civil 3D 2018 版、OpenRoads Designer Connect Edition 版	机场工程各专业（总图、地形、场道、助航灯光）常规建模的搭建	设计阶段	BIM 建模人员、BIM 模型深化人员
Autodesk Revit 2018 版、AECOsim Building Designer Connect Edition 版	房建工程各专业（建筑内装修、结构、机电）常规模型的搭建	设计阶段 施工阶段	BIM 建模人员、BIM 模型深化人员、BIM 模型审核人员
晨曦插件	结构深化设计模型的搭建	施工阶段	BIM 模型深化人员
构件编码工具	构建编码、属性审核	设计阶段 施工阶段	BIM 建模人员、BIM 模型深化人员
Autodesk Navisworks 2018 版、Fuzor 2020 版	轻量化模型展示、建设条件分析、施工方案模拟等	设计阶段 施工阶段	BIM 建模人员、BIM 模型深化人员、BIM 模型审核人员、BIM 实施甲方
基于 BIM 的工程项目管理平台	文档管理 流程管理 设计管理 质量验评管理 进度管理 计量支付管理 安全管理 招标管理 资金监管	设计阶段 施工阶段	BIM 实施甲方各部门、BIM 实施参建方

建设方在推进工程数字化的进程中，并非是BIM工具类软件的主要使用方，但为了统一和管理各参建单位的 BIM 交付成果，需要建设方对各参建单位使用的 BIM 工具类软件进行统一规定，同时要求各参建单位按照建设方发布的 BIM 标准来进行模型创建和数据管理。

7.2 基于 BIM 的工程项目管理平台构建

7.2.1 目标及建设内容

BIM 项目管理定位是数字化建造，为花湖机场植入数字基因，打造数字底盘。核心是信息共享、系统管理。基于 BIM 的工程项目管理平台是以轻量化 BIM 模型为基础，将工程项目管理的进度、质量、造价、变更、安全、风险、招标、第三方检测、资金监管等业务从线下转移到线上，实现了甲方、设计院、监理、总承包方、检测单位、BIM 咨询、造价咨询等主要用户的多标段多单位工程使用，同时集成了甲方OA系统、电子签章、质检系统、视频监控、银行系统等外部系统接口，达到多项目集群高效化协同、精细化计量、智能化监控、统一化整合的目标。

基于BIM的工程项目管理平台主要建设内容应包括质量验评、计量支付、进度管理，总结为BIM的3D、4D、5D、6D应用，如图7-1所示。平台的系统性能具有维度多、应用深、范围广、规模大、高度规则化、跨平台、通用性高等特点。

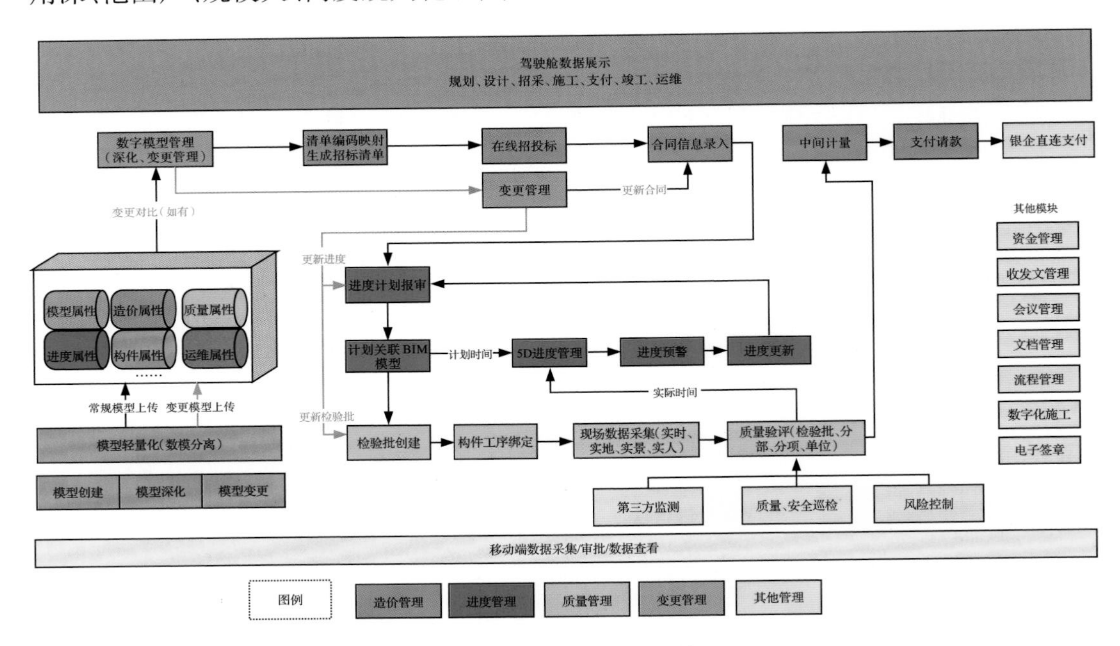

图7-1　基于BIM的项目管理

基于BIM的工程项目管理平台的核心任务是在各参建方工程实施过程中，基于BIM模型辅助甲方进行“三管两控一协调”。主要包括：

(1)基于检验批构件的质量验评管理；

(2)BIM模型进度展示、跟踪与管控；

(3)BIM模型计量及计量支付管理；

(4)数字化模型变更管理；

(5)BIM模型风险预警及管控等。

7.2.2　平台架构

基于BIM的工程项目管理平台的基本功能和管理应用需求，平台的整体架构可以分为前端应用、模型浏览、后端引擎三个层级，同时兼顾APP移动端的应用，具体如图7-2所示。

图 7-2　基于 BIM 的工程项目管理平台整体架构图

目前，市面上也有很多软件厂家提供基于BIM的工程项目管理平台，实现项目管理功能和 BIM 模型数据的深度结合。本项目通过调研部分国内知名的基于 BIM 的工程项目管理平台，从基础技术参数、通用功能模块以及设计、施工管理功能模块等方面进行了对比分析，可以看出这些平台存在以下几个弱项短板：

（1）具备 BIM 模型在线浏览的功能，但对模型格式有所要求；

（2）支持模型、文件版本的替换，但少数具有数据的继承关系；

（3）不具备项目构件级别的工序库、造价库，较少平台实现与质量验评、计量支付信息挂接；

（4）产品成熟度高的平台产品，定制化开发响应程度低，自定义流程配置灵活性也相对较低。

因此市面上典型的基于BIM的工程项目管理平台不适应本项目个性化的管理需求，为此，本项目以专业的项目管理经验为指导，并结合 BIM 实施深度的方案定制开发了一款基于 BIM 的工程项目管理平台，其特点是适用性高、针对性强，并包含项目深度应用。

平台构建思路如图 7-3 所示。

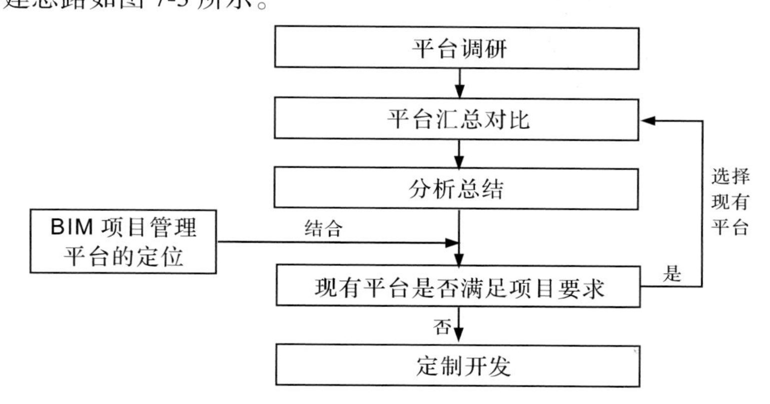

图 7-3　基于 BIM 的工程项目管理平台构建思路

7.2.3 基本功能及实践应用

在花湖机场项目中，提出“1+4+2+X”的管理理念，以BIM模型替代传统二维图纸，充分利用模型属性及可视化模式作为管理工具，在招投标阶段就约定各关联方以模型作为施工管理依据，奠定后续的所有管理行为均以模型数据作为依据的基础。“1+4+2+X”的具体含义如下：

1——BIM模型轻量化；

4——质量、进度、变更、造价管理；

2——PC端、移动端应用；

X——安全、风险、收发文、资金监管等模块系统集成。

7.2.3.1 模型轻量化

通过模型轻量化插件，能将常规Revit模型轻量化至原来的1/20以上，机电模型甚至可以达到1/200，经过轻量化之后可以保留模型构件的所有几何信息和属性信息。同时，基于BIM的工程项目管理平台采用数模分离的存储技术，不但可以快速地浏览模型和查看构件信息（图7-4），还可以对构件信息进行自定义。

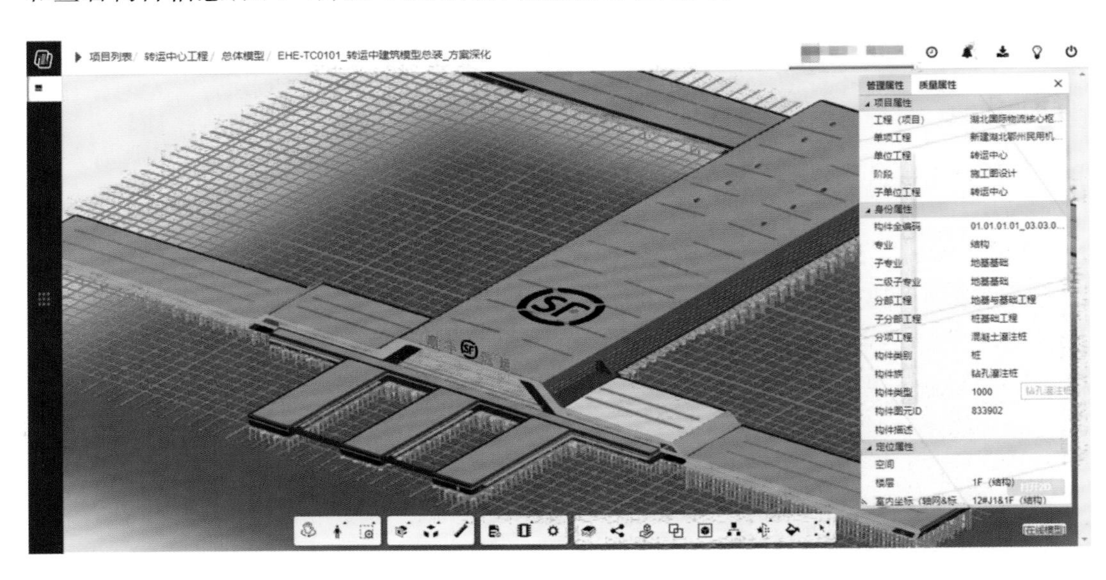

图7-4 模型查看

BIM轻量化引擎支持模型浏览功能，包括透视、测量、漫游、剖切、旋转（动态旋转和点转）、调整背景颜色、查看构件属性信息、保存视口、透明显示、模型快捷导入和切换、构件点选、隐藏显示、轴网显示、视点管理、放大、缩小、移动、属性显示等功能。

7.2.3.2　构件库

按照模型结构、编码规则，由BIM实施各参建方梳理模型构件实例，并按照管理要求在基于BIM的工程项目管理平台中，进行构件库的信息录入、审核和发布。构件库既是构件级别的实例数据库，也是造价库和工序库的映射对象，如图7-5所示。

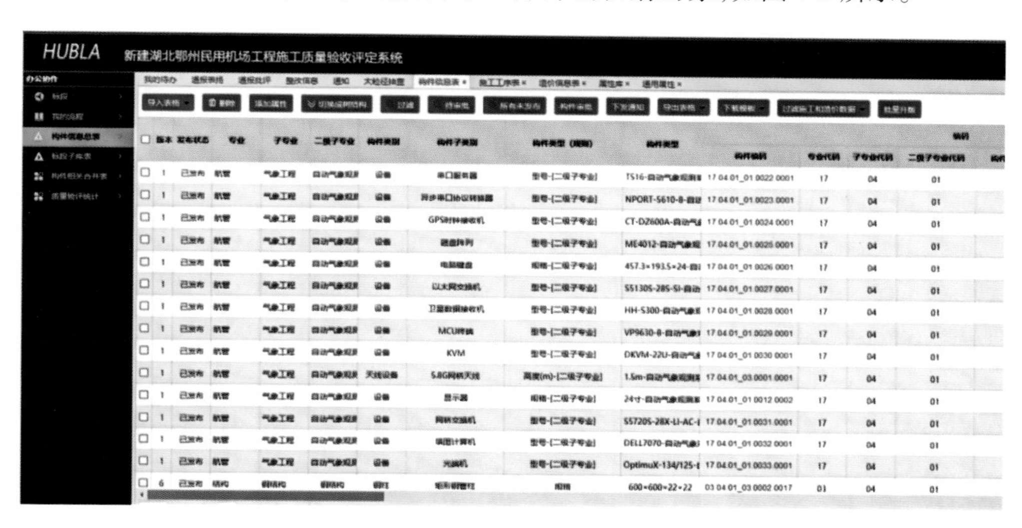

图7-5　构件信息总表（构件库）界面

7.2.3.3　造价库

为实现模型构件的清单自动挂接，我们可以整理清单分类编码，并将构件编码与清单编码的规则映射，形成清单编码规则库（造价库，见图7-6），这也是基于BIM的工程项目管理平台实现造价管理应用的基础。

图7-6　清单编码规则库（造价库）界面

7.2.3.4 工序库

为实现模型构件的工序自动挂接，我们可以整理各类工程的施工工序，并将构件编码与施工工序进行规则映射，形成工序库（图 7-7），这也是基于 BIM 的工程项目管理平台实现质量验评应用的基础。

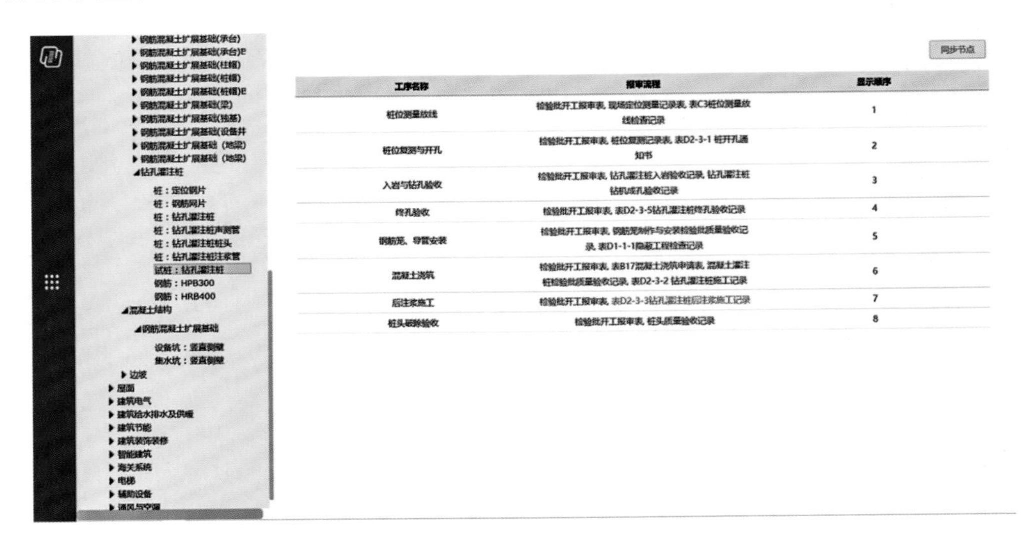

图 7-7　施工工序库界面

在构件编码的基础上，花湖机场项目形成了构件库、造价库和工序库等规则库。其业务逻辑如图 7-8 所示。

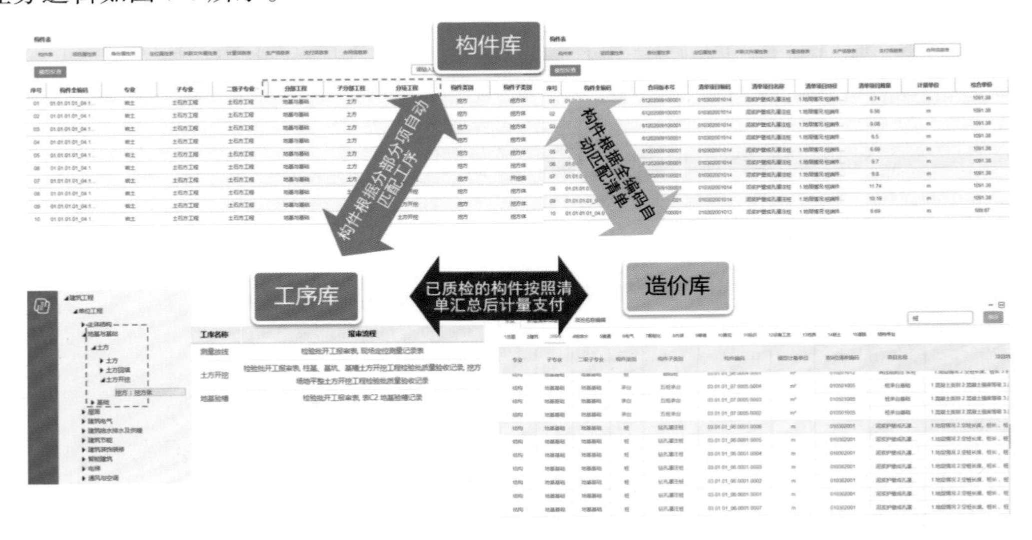

图 7-8　花湖机场项目规则库

7.2.3.5 设计管理应用

设计管理主要是对设计方的供图计划、设计图纸、设计变更、竣工图整理等进行管理(图 7-9)。

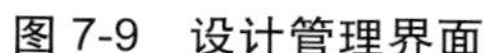
图 7-9 设计管理界面

7.2.3.6 进度管理应用

进度管理模块能够实时查询项目进度水平、里程碑计划、一级网络计划、二级网络计划完成情况;能够利用形象化的进度图对已经正式开始实施的工程项目进行跟踪,实时掌握工程的当前状态和后续工程情况,以及可能影响工程进度情况的工作任务等工程项目信息;对分项作业当前进度情况进行监控的同时,可以了解作业的资源计划情况、实际使用情况等综合信息。

7.2.3.7 质量管理应用

质量验评模块是基于模型数据的施工现场质量管理的重要工具,各关联方通过该模块开展现场数据采集、质量问题跟踪管理、验评流程报验,对各关联方的质量管理行为进行监管,加强招标人在造价管理、档案管理、进度管理、人机料管理等业务方面的综合管控水平。

7.2.3.8 造价管理应用

招标、合同录入、计量与支付是在模型工程量基础上应用的新的造价管理方式。各关联方通过该模块开展造价规则库维护、招标清单编制、合同录入、中间计量、中间支付以及费用变更的工作,对各关联方的造价管理行为进行监管,提高了甲方在项目造价管控上的水平(图 7-10)。

图 7-10　清单合同信息录入属性界面

7.2.3.9　数字模型管理

变更管理模块对全过程的工程模型变动数据和文件进行记录和分析，反映模型变动对工程进度、质量、造价的影响趋势状况，可随时查询、统计、分析审批过程中的各种数据版本和流程审批记录，并可生成各类报表及图形，实现数据报表及图形的保存与打印。

7.2.3.10　安全管理应用

EPMS系统需实现实时追踪施工现场的不安全环境因素，实时追踪现场作业人员的不安全作业行为，预测设计本身存在的不安全因素，保证现场不安全信息的及时流转、安全隐患的实时预警，实现对施工现场的人员及风险隐患管理。从PC端及移动端进入此系统，管理人员能实时查看调用安全管理系统数据，对现场巡检过程遇到的问题可发起整改流程，实现安全管理信息的实时监控及管理。

7.2.3.11　风险管理应用

项目从报建报批开始，经历勘察设计、施工管理、工程竣工验收，直到投入运行，环节多、周期长，需要协调和管理的单位繁杂，协调和管理难度很大。顺丰鄂州枢纽项目投资规模大、投资主体多，建设项目杂、涉及专业多、建设周期长，由于项目本身的复杂性，带来的各种各样的风险因素也更多更大。因此，迫切需要采用系统化、智能化、科学化的手段，精准识别风险、系统管控风险、提早预报风险、及时化解风险，把风险的影响和危害降到最低限度，以保证项目的顺利实施。

7.2.3.12　资金监管应用

为进一步加强对建设项目资金的有效监管，保证项目建设资金落实到位，对顺丰鄂州枢纽项目定制研发工程资金监管模块：包括分包、主材、设备租赁、人工费、总包日常管理费五大类。

7.2.3.13 移动端数据采集

质量验评实现现场同步跟进，数据真实有效。在质量验评现场实现工程标准表单实时填报、相关管理流程及时审批，用户在移动端（手机、平板电脑）方便地完成数据采集和流程审批工作（图 7-11）。平台能够结合工程现场人员位置、操作时间、身份认证、实景图片、电子签章等信息，对数据采集的及时性和真实性进行系统校验，辅助工程现场管理。

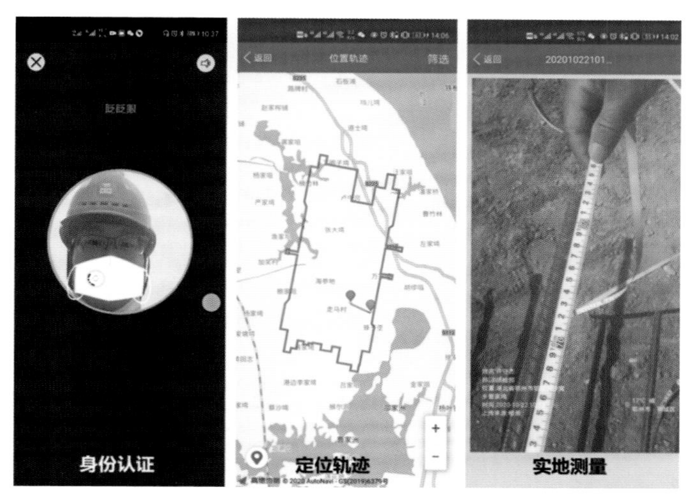

图 7-11 移动端数据采集页面

7.2.3.14 数据看板

大数据分析展示，项目参与各方在现场工作产生的各种生产数据均可实时在驾驶舱模块的相应图表中进行呈现，如图 7-12、图 7-13 所示。完成账号、文档、流程及第三方检测系统数据对接工作后，根据甲方管理所需从后端数据库中抓取相关数据，配置到驾驶舱系统界面进行应用。

图 7-12 项目驾驶舱数据看板

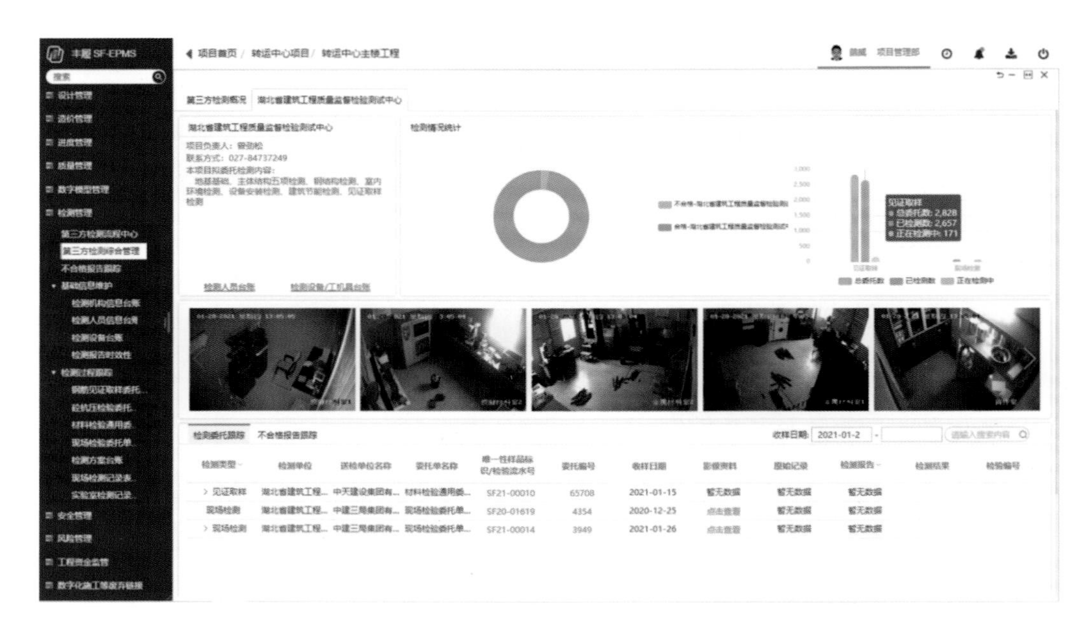

图 7-13　第三方检测数据看板

设计管理应用主要包括供图计划管理和图纸模型成果发布两个方面。其流程和界面分别如图 7-14 至图 7-17 所示。

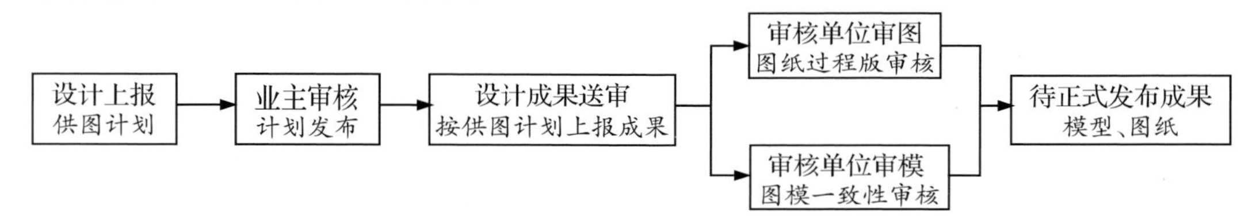

图 7-14　供图计划管理流程

图 7-15　供图计划管理界面

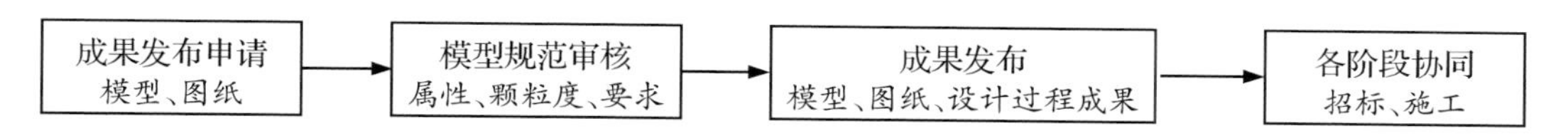

图 7-16　图纸模型成果发布流程

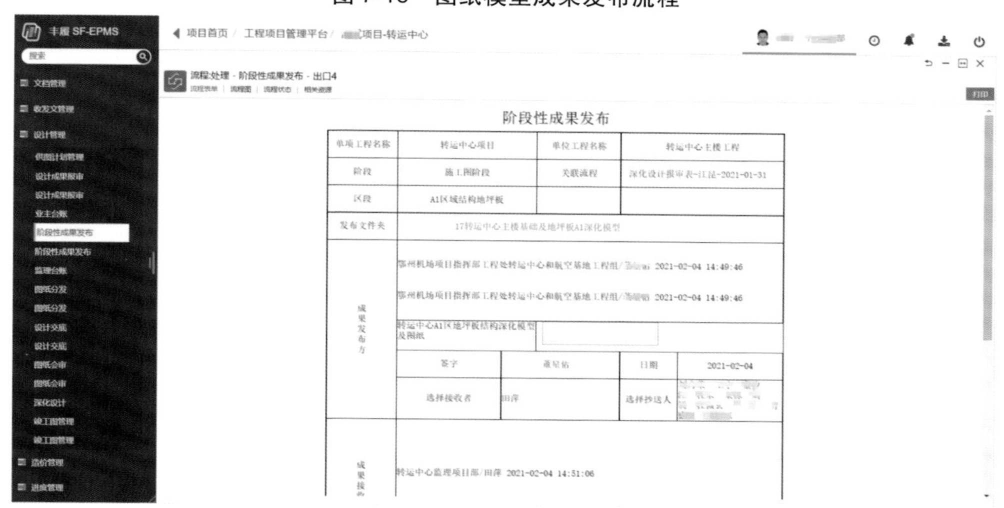

图 7-17　图纸模型成果发布界面

7.2.3.15　清单合同应用

清单合同应用主要包括招标清单生成和合同价格录入两个方面。其流程和界面分别如图 7-18 至图 7-21 所示。

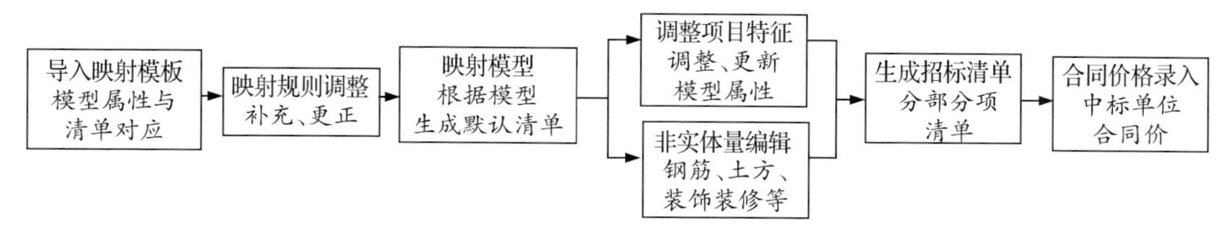

图 7-18　清单合同应用流程

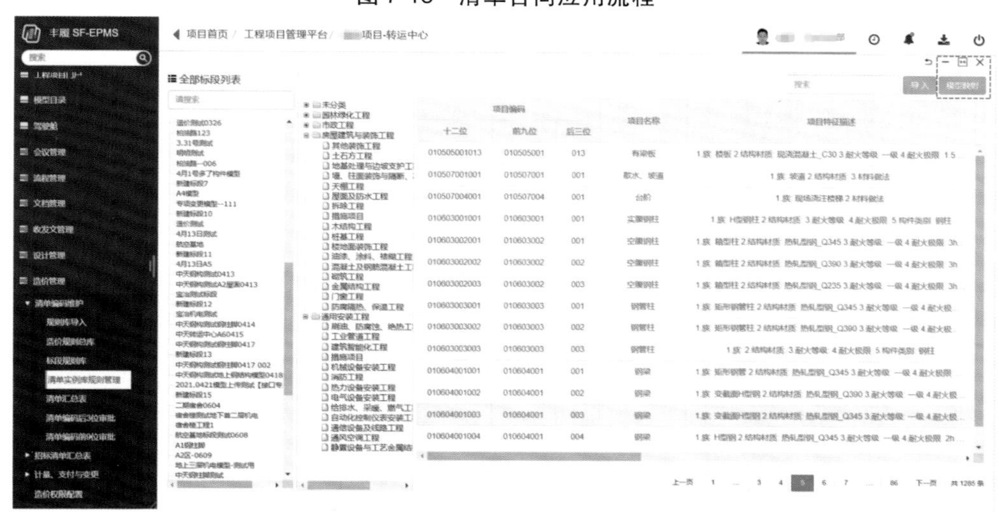

图 7-19　清单自动映射界面

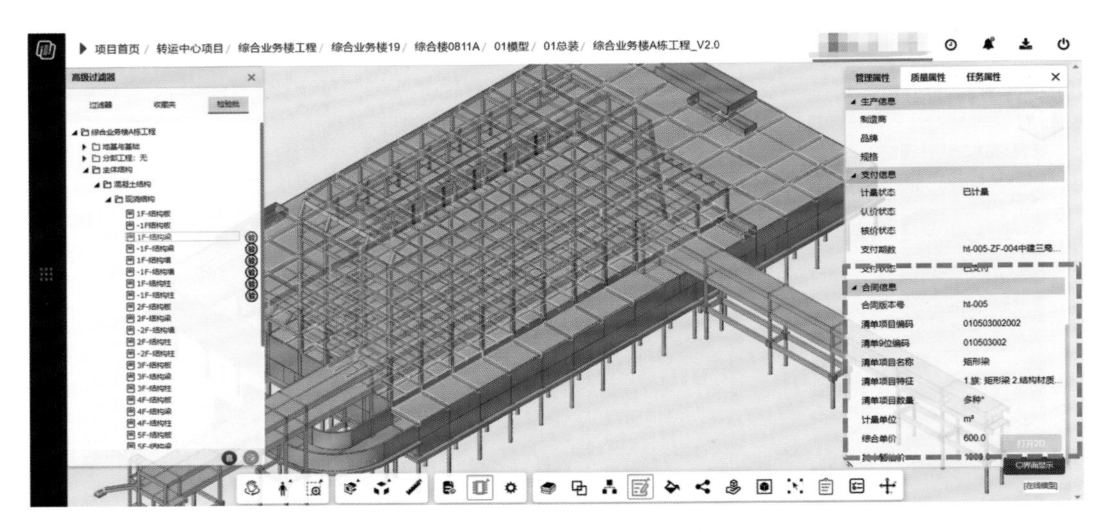

图 7-20　清单合同信息写入属性界面

图 7-21　合同清单界面

7.2.3.16　进度管理应用

进度管理应用主要包括进度计划上报和实际进度管控两个方面。其流程和界面分别如图 7-22 至图 7-25 所示。

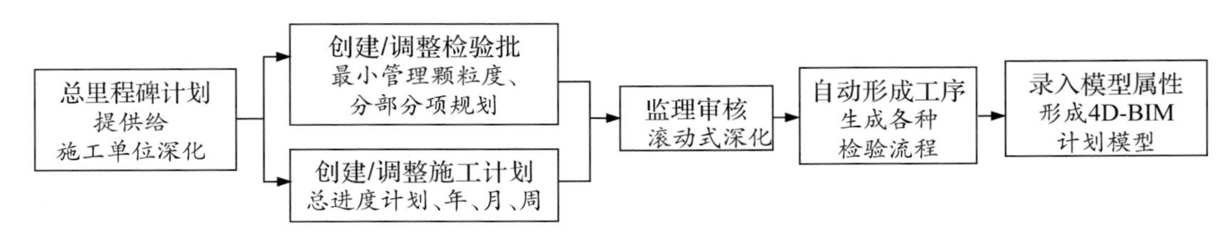

图 7-22　进度计划上报流程

图 7-23　进度计划管理界面

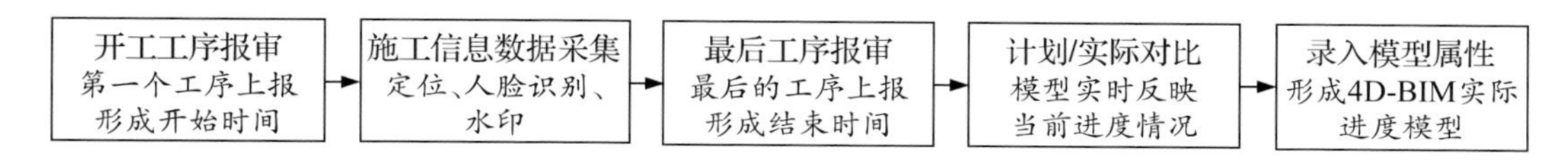

图 7-24　实际进度管控流程

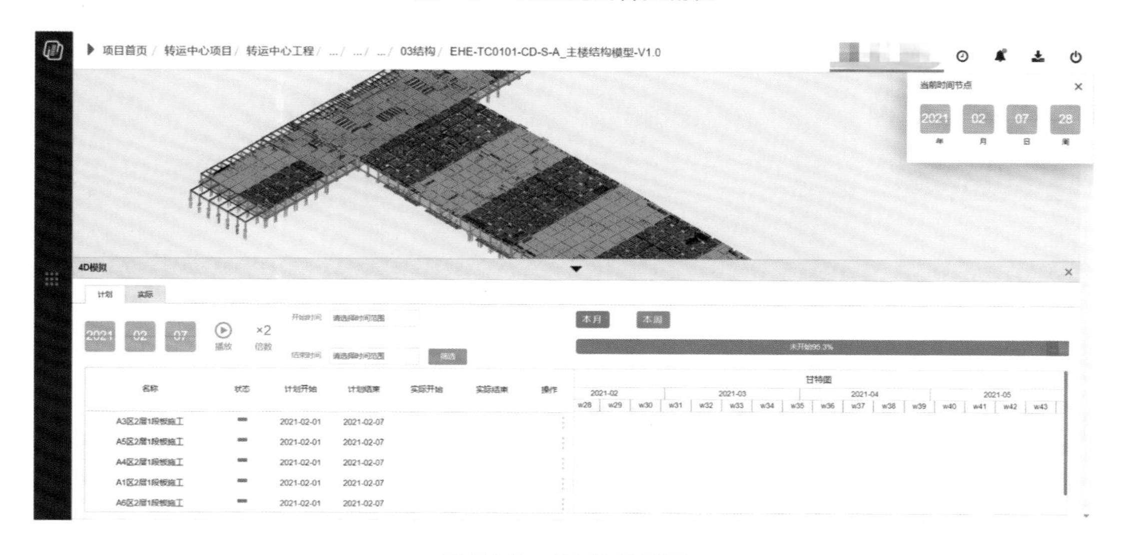

图 7-25　4D 进度模拟

7.2.3.17　质量验评应用

质量验评应用主要包括检验批创建和报验信息录入两个方面。其流程和界面分别如图 7-26 至图 7-28 所示。

图 7-26　分部分项检验批列表界面

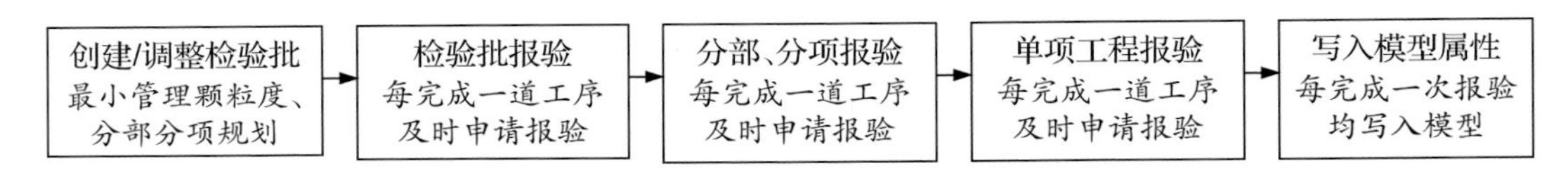

图 7-27　质量验评应用流程

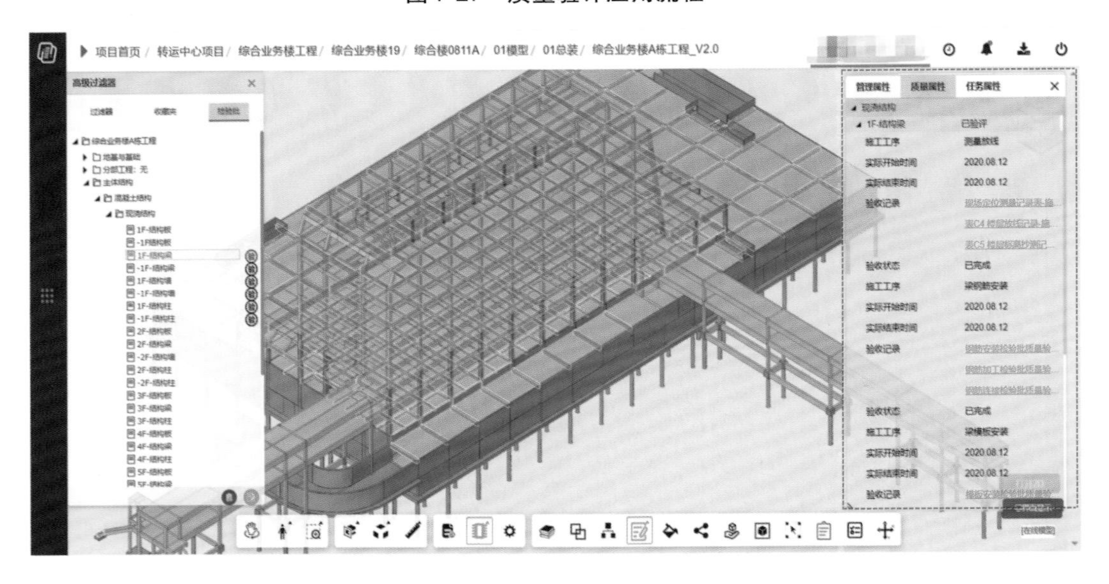

图 7-28　报验结果属性写入

7.2.3.18　计量支付应用

计量支付应用主要包括计量申请和支付信息写入模型两个方面。其流程和界面分别如图 7-29 至图 7-31 所示。

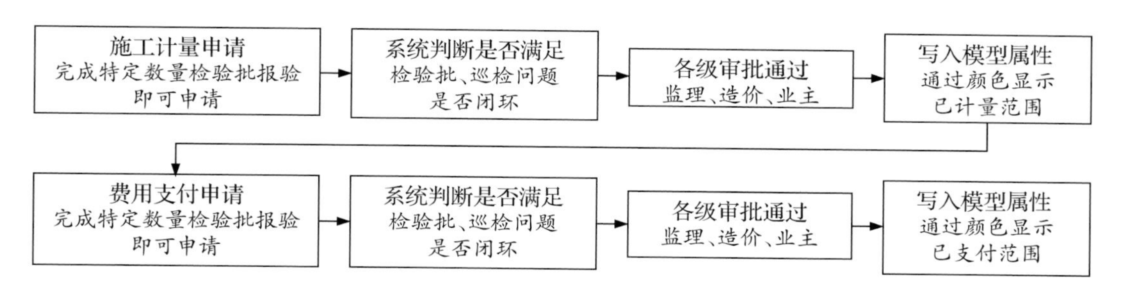

图 7-29　计量支付应用流程

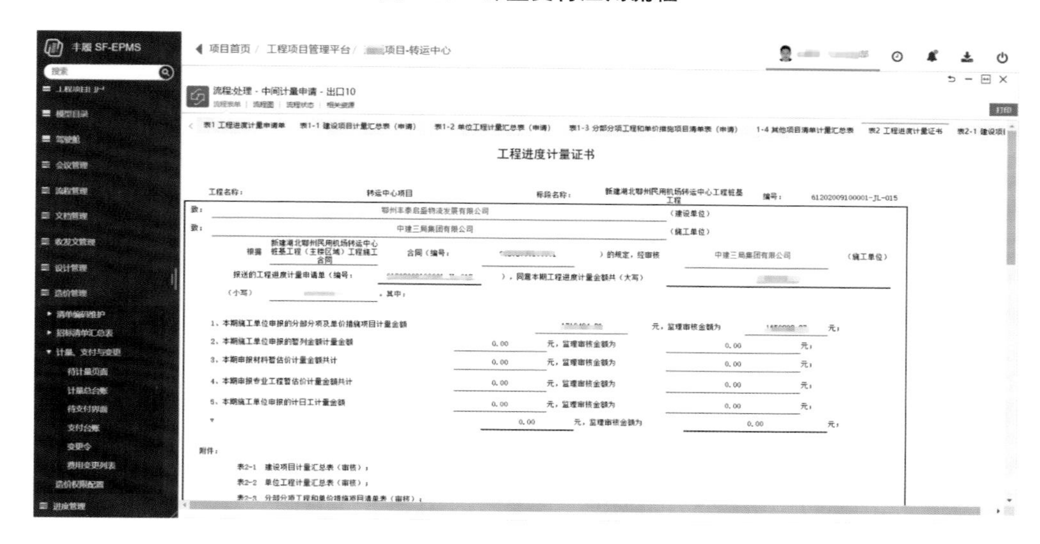

图 7-30　中间计量申请界面

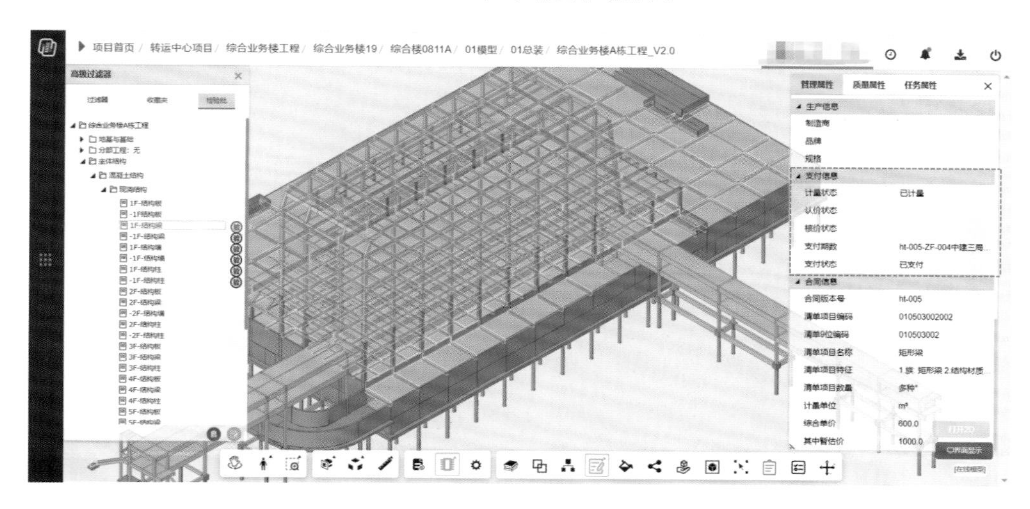

图 7-31　支付状态属性写入

7.2.3.19　变更深化应用

变更深化应用主要包括变更申请发起和费用变更审批两个方面。其流程和界面分别如图 7-32 至图 7-34 所示。

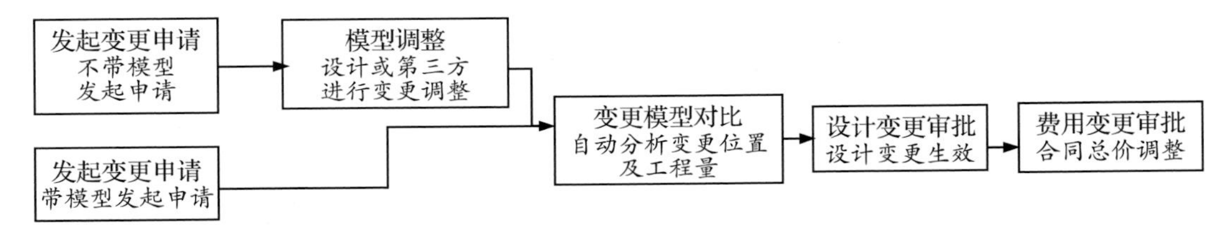

图 7-32　变更深化应用流程

项目首页 / 转运中心项目 / 转运中心主楼工程 / 01转运中心桩基 / 01桩基结构（主楼带编码9.7） / 01模型

流程处理 - 工程变更申请单（带模型） - 出口12 ZYGC-A045

工程变更申请单

报送日期	2020-11-17	变更编号	ZYGC-A045
项目名称	转运中心主楼工程		
发起单位	中建三局集团有限公司		
变更专业	结构	变更部位	A1区
变更原因及内容	变更的原因或依据。 根据最新设计图纸和图纸会审记录，进行模型深化设计变更 变更的内容及范围。 A1区工程桩部分桩顶标高调整、桩基数量增加 必要的附图及计算资料等。 无 变更引起的工程量及投资估算的变化。 更后混凝土增加55.16m³ 变更对工期等相关工作的影响。 无 01模型.zip 64142K 02图纸.zip 7445K 03BIM模型自审报告.zip 872K 04送审文件.zip 28K 上传图纸、工程资料		

图 7-33　变更申请单界面

变更对比构件表

变更对比构件表　变更前构件表　变更后构件表

专业	子专业	二级子专业	分部工程	子分部工程	分项工程	构件类别	构件子类别	构件类型
对比（B-A）	对比（B-A）	对比（B-A）	对比（B-A）	对比（B-A）	对比（B-A）	对比（B-A）	对比（B-A）	对比（B-A）
结构	地基基础	地基基础	地基与基础	基础	混凝土灌注桩	桩	钻孔灌注桩	700
结构	地基基础	地基基础	地基与基础	基础	混凝土灌注桩	桩	钻孔灌注桩	1100.0
结构	地基基础	地基基础	地基与基础	基础	混凝土灌注桩	桩	钻孔灌注桩	1100.0
结构	地基基础	地基基础	地基与基础	基础	混凝土灌注桩	桩	钻孔灌注桩	700
结构	地基基础	地基基础	地基与基础	基础	混凝土灌注桩	桩	钻孔灌注桩	1100.0
结构	地基基础	地基基础	地基与基础	基础	混凝土灌注桩	桩	钻孔灌注桩	700
结构	地基基础	地基基础	地基与基础	基础	混凝土灌注桩	桩	钻孔灌注桩	1100.0
结构	地基基础	地基基础	地基与基础	基础	混凝土灌注桩	桩	钻孔灌注桩	1100.0
结构	地基基础	地基基础	地基与基础	基础	混凝土灌注桩	桩	钻孔灌注桩	1100.0
结构	地基基础	地基基础	地基与基础	基础	混凝土灌注桩	桩	钻孔灌注桩	1100.0
结构	地基基础	地基基础	地基与基础	基础	混凝土灌注桩	桩	钻孔灌注桩	700
结构	地基基础	地基基础	地基与基础	基础	混凝土灌注桩	桩	钻孔灌注桩	1100.0
结构	地基基础	地基基础	地基与基础	基础	混凝土灌注桩	桩	钻孔灌注桩	700
结构	地基基础	地基基础	地基与基础	基础	混凝土灌注桩	桩	钻孔灌注桩	1100.0
结构	地基基础	地基基础	地基与基础	基础	混凝土灌注桩	桩	钻孔灌注桩	1100.0
结构	地基基础	地基基础	地基与基础	基础	混凝土灌注桩	桩	钻孔灌注桩	1100.0
结构	地基基础	地基基础	地基与基础	基础	混凝土灌注桩	桩	钻孔灌注桩	1100.0

< 1 2 3 4 5 … 16 >　共 287 条

图 7-34　变更对象查看界面

7.2.3.20　移动端 APP 应用

可以实现实测实量的移动端记录上传，后台汇总。待办事项提醒：通过手机随时提醒代办事项，实时推送通知。文档文件查看：可以通过手机检索和查看相关文档资料，

如图 7-35 所示。

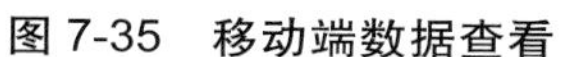

图 7-35　移动端数据查看

7.3　硬件及网络环境策略

硬件及网络环境是推动数字化实施的基础保障,主要包括客户端(台式机、笔记本电脑、平板电脑等个人计算机)、服务器、网络及存储设备等。BIM 应用硬件和网络在企业 BIM 应用初期的资金投入相对集中,对后期的整体应用效果影响较大。本节重点介绍作为项目建设方该如何考虑合理地配置相应的硬件及网络资源以确保项目数字化的顺利实施。

鉴于 IT 技术的快速发展,硬件资源的生命周期越来越短,在 BIM 硬件环境建设中,既要考虑BIM对硬件资源的要求,也要考虑将企业未来发展与现实需求结合,既不能盲目求高求大,也不能过于保守,以避免企业资金投入过大带来的浪费或因资金投入不够带来的内部资源应用不平衡等问题。建设方应当根据项目整体信息化发展的规划要求,以及 BIM 应用对硬件资源的要求进行整体考虑。确定 BIM 软件后,要重新检查现有的硬件资源配置及其架构,整体规划并建立适应BIM应用需要的硬件资源,实现对企业硬件资源的合理配置。特别应优化投资,在适用性和经济性之间找到合理的平衡,为企业的长期信息化发展奠定良好的硬件资源基础。

当前,采用个人计算机终端运算、服务器集中存储的硬件基础架构较为成熟,其总体思路是:在个人计算机终端中直接运行 BIM 软件,完成 BIM 的建模、分析及计算等工作,通过网络将BIM模型集中存储在企业数据服务器中,实现基于BIM模型的数据共享与协同工作。该架构方式技术相对成熟、可控性强,可在企业现有硬件资源和管理方式基础上部署，实现方式相对简单，可迅速进入 BIM 实施过程，是目前企业 BIM 应用过程中的主流硬件基础架构。但该架构对硬件资源的分配相对固定，存在不能充分利用或浪费企业资源的问题，近期基于云计算的存储方案也逐渐成熟，成为一种新的可能。

为了保障安全的网络与通信环境，机场红线范围内实现网络全覆盖，无线局域网络信号覆盖所有信息采集设备装置点。视频监控设备输出的视频能够支持最大 1080p 分辨率的视频流稳定传输，并支持多路视频输出。平台建议使用除 IE 以外的其他浏览器。

通过对本项目特点及体量的分析得出合适的工程项目管理平台的配置要求，总结如表 7-2 所示。

表 7-2　服务器要求

数据库服务器	CPU：至少配置 2 个 Xeon E5-2630V4 处理器； 内存：支持 24 个内存插槽，本次至少配置 32GB 内存； 硬盘：可支持 SAS/SATA/SSD 等多种硬盘； 电源：配置 1+1 冗余≥750W 电源模块，支持热插拔； 网卡：≥4 个 GE 接口
应用服务器 （机架式服务器）	CPU：至少配置 2 个 Xeon E5-2630V4 处理器； 内存：至少配置 32GB 内存； 硬盘：至少配置 1T*3 SAS HDD，ServerRAID； 电源：配置 1+1 冗余≥750W 电源模块； 网卡：4 个 GE 接口

数字化工地监控系统需要的设备清单如表 7-3 所示。

表 7-3　数字化工地监控系统设备清单表

序号	设备名称	主要参数	单位	数量
1	服务器机柜	42U 服务器标准机柜	台	2
2	四合一控制台	8 口 LCD17 英寸 USB 机架式	台	1
3	PDU	3 孔 6 插	个	10
4	防静电地板	全钢无边防护式	平方米	20
5	平板电脑	处理器：X704N 存储：4G+64G	台	10
6	辅材	视频监控安装辅料	套	8

智慧工地监控系统通信网络及定位设备的要求详见表 7-4。

表 7-4 智慧工地监控系统通信网络及定位设备表

序号	项目名称	具体内容
1	通信网络	机场红线范围内网络全覆盖。如视频监控等现场信号无法满足要求，发包人已协调电信运营商提供专网 VPN 的系统，费用部分由承包人承担
2	数据通信与管理	接收各个机械终端数据并进行数据解析与存储
3	GNSS 定位基站	发包人已提供现场GNSS定位基站，采用“一主一备”方式。承包人直接使用
4	GIS 机场工程管理	机场建设电子地图工程化，施工进度监控

7.4 数据安全策略

数据信息安全是指数据信息的硬件、软件及数据受到保护，不因偶然的或者恶意的原因而遭到破坏、更改、泄露，系统连续可靠正常地运行，信息服务不中断。

BIM 数据信息作为整个工程项目的基础，其重要性不言而喻。BIM 数据信息以项目管理平台为依托，实现项目的设计管理、流程管理、文档管理等。数据安全的防护措施主要有以下几点：

7.4.1 权限的设置

在平台的设置上将权限与角色相关联，对角色授予最小而必要的权限，用户通过成为适当角色成员而得到这些角色的权限。当用户进行资源调用时，访问控制系统将根据其角色权限决定是否授权，以确保系统运行的安全性。平台设置管理员为其他角色配置资源和功能权限，当角色权限发生变化时，可以直接对其资源及功能配置进行增、删操作，进而将其限制在指定的权限内进行资料上传、查阅、审批等流程的操作。

平台实现了按需、按流程分配权限的设计原则，考虑到项目各参建方在工作流程不同阶段中扮演着不同功能的角色，设置管理员动态分配资源和功能权限，各角色拥有对应的资源和功能。同时在同一个参建方中进行角色分层，以区别上下级角色权限。权限管理流程见图 7-36。

权限管理分为两大功能模块：基础功能和权限配置功能。基础功能体现为系统登录、退出和密码修改，权限配置功能则实现了角色添加、属性编辑、权限分配和用户管理。如图 7-37 所示。

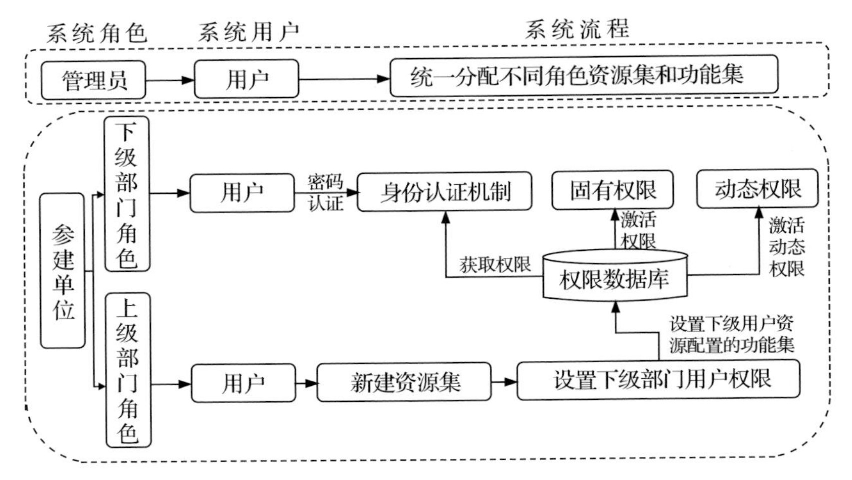

图 7-36　权限管理流程图

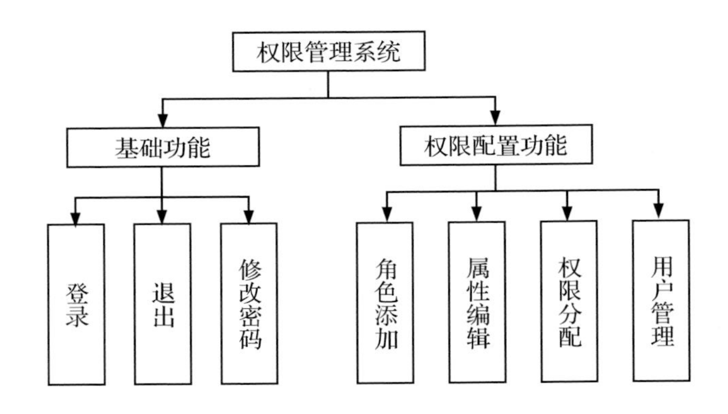

图 7-37　权限管理系统功能设计图

系统的权限配置功能根据工程建设实际情况将组织结构分为管理员、建设单位、施工单位、设计单位、监理单位、造价咨询单位、咨询单位等，根据相应工作性质和内容，进一步细化为项目各个部门的多种角色，管理员通过编辑权限操作可以完成角色授权。

7.4.2　数据的备份

数据信息的存储，采用平台上传和本地存储的方式，一旦平台或本地设备出现问题，还有其他的途径重新找到此文件，保证项目实施的正常进行。数据信息备份有以下几类：

第一是完全备份。完全备份是指拷贝整个磁盘卷的内容，适用于服务器，包括所有分配的逻辑卷，也适用于卷到卷的数据备份。完全备份方式实现简单，但占据大量的存储空间，主要用于操作系统级别的数据，这些数据不可缺少，必须要单独备份一份或数份，这样可以保证在数据中心出现系统级问题时，利用这些备份数据还原系统初始状态。当然完全备份也可以用于所有数据信息的备份中。完全备份有时会造成重复性数据较多,资源存在浪费的现象,是占据最多存储空间、最浪费数据资源的备份方式,原因是备份数据的重复率太高。在两个备份时间点相近的全备份间的数据重复率往往高达90%。

第二是增量备份,即备份自从上次备份操作以来新改变的数据,这些新改变的数据或者是新产生的数据,或者是更新的数据。增量备份所要求的备份时间最短,当使用增量备份时,恢复过程需要使用完全备份中的数据,所有的增量备份都是在最近一次完全备份以后执行的,尽量减少完全备份,而采用增量备份的方式,将有效节省存储空间,同时在数据发生丢失的时候,很快可以从备份数据中还原。

第三是差量备份,即拷贝所有新的数据,这些数据都是上一次完全备份后产生或更新的。差量备份与增量备份类似,但也有不同:差量备份往往需要备份的数据较多,是通过前后两次比较,将不同部分的数据进行备份;而增量备份只是在原来的基础上将增加的数据进行备份,这样增量备份仅考虑增加的数据,而差量备份则不仅要考虑增加的数据,还要考虑备份一些中间数据,将这些数据同时进行备份。

第四是有选择的或即时备份。一般的数据备份应用都提供作业调度程序,它可以按照所定义的时间安排,自动地执行上面列出的备份操作。但是需要经常对备份数据进行检查,当发现数据缺少或者不对时,要主动进行即时备份,刷新备份的数据,确保和正在运行的数据中心里的数据保持一致。即时备份是一种主动纠错、手工操作的备份过程,对备份的数据中发生的异常情况进行及时修复。对于备份的数据要经常检查,发现与现有运行数据不符时,要及时纠正,这样在数据中心数据发生丢失的时候,能通过备份数据找回来,否则备份的数据就会形同虚设。在项目实施过程中,需根据不同的数据情况采用适合的备份方法。

7.4.3 定期排除威胁数据安全的因素

在项目的实施过程中,各参建方均是以设备、网络的形式进行项目推进,在此过程中,有以下几个比较常见的威胁数据安全的因素:硬盘驱动器损坏、人为操作失误、黑客的入侵、病毒的感染、信息的窃取等。应定期进行设备的查验,实时上报,排除潜在危险因素。针对威胁数据安全的几个常见因素,需采用如下措施进行防范:完善数据安全的组织架构,如成立“保密委员会”;完善数据安全的分级分类保护机制;完善涉密的人力资源管理;完善技术防护体系;完善保密审计管理等。

8　花湖机场数字建造的创新

数字建造作为推进传统工程建设行业提质增效的重要手段，需要有大量的创新突破才能实现真正意义上的业务重塑，当前工程建设行业的整体数字化水平还比较低，难以突破传统建设组织模式的限制。花湖机场数字建造着眼于国家及行业相关政策和数字建造技术应用与发展趋势，以数字建造需求分析为重要抓手，提出了适应于花湖机场数字建造顶层设计的总体思路，展开了 BIM 技术标准体系、BIM 工程计量、BIM 技术资源评估与采购、数字化软硬件环境等系列专题策划，总体策划在满足花湖机场数字建造的重大需求的同时，体现出了工程建设模式、项目组织管理、数字建造技术和工程交付方式等方面的理论和技术创新。实践证明，这些创新在推动数字建造在花湖机场的应用方面发挥了重要的“破题”作用。

8.1　工程建设模式创新

花湖机场围绕数字建造设定的三大总体目标推进工程组织模式的创新，积极探索“基于 BIM 全生命周期应用的数字建造模式”（图 8-1），该模式以工程实体建造、交付为主线，以数字化建造、交付为辅线，双线融合推进，突破一般项目 BIM 实施和项目实施“两张皮”的困境问题。

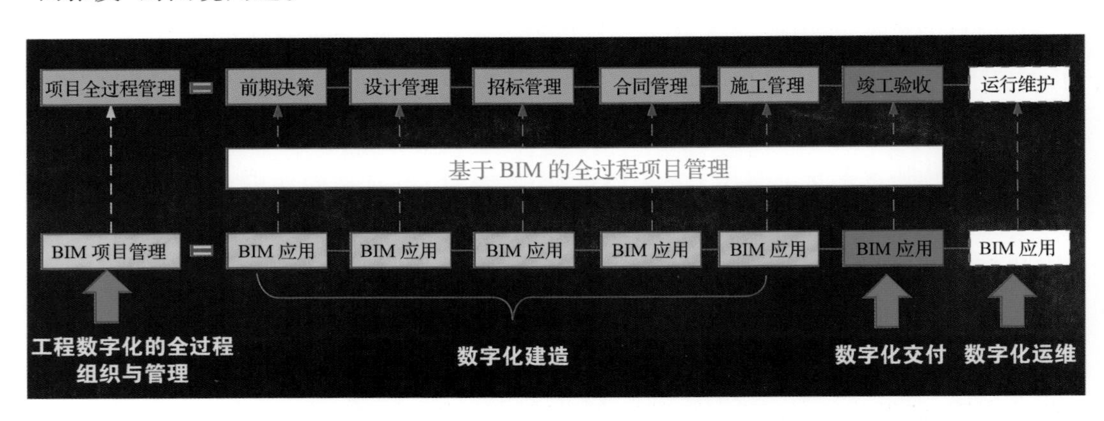

图 8-1　基于 BIM 全生命周期应用的数字建造模式

项目按照数字设计、数字施工、数字运维三个阶段推进全生命周期管理。数字设计目标是通过设计和深化设计形成机场完整的BIM模型，构建可视的大数据底盘。数字施工是把数字设计形成的大数据底盘通过全记录、可追溯、动态追踪的施工措施完全精准映射到现实的过程，数字施工措施包括应用项目管理平台、施工装备自动化、“实人、实地、实测”的质量验评系统实现；控制手段为通过把技术规范、工艺流程、技术指标录入信息系统形成施工过程的工序指标要求。通过这样的数字设计和数字施工过程能够交付虚拟和现实完全映射的两个机场，这样两个机场形成未来数字运维的数字孪生基础，支持未来机场的数字运维，打造四型机场。三大阶段通过设计合同、施工合同等建立建设方和参建方的管理关系，结合数字化的应用，打通合约管理中的信息、数据孤岛，这样通过模式创新有效地解决管理中的难题和效率问题。BIM协同工作平台如图8-2所示。

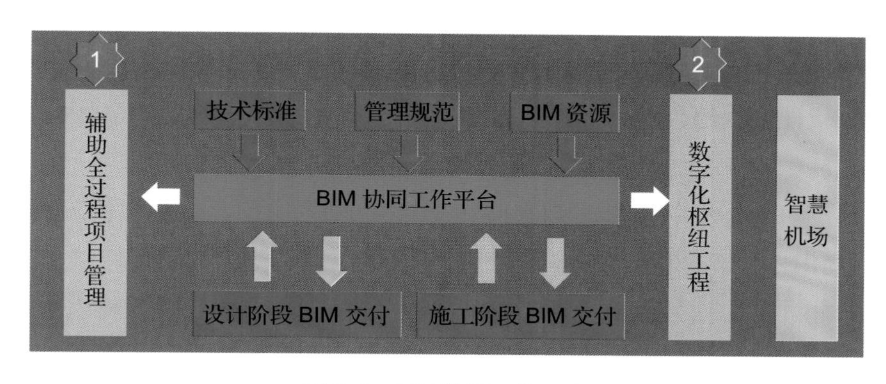

图8-2 BIM协同工作平台

8.2 项目组织管理创新

花湖机场围绕数字建造设定的四项总体要求实施项目组织管理创新，积极探索“基于集成化的项目组织管理模式”，该模式以全阶段、全专业、全业务和全参与融合推进合约与招标、设计、施工和计量支付等环节的管理，以集成化的思路突破花湖机场全过程数字建造的组织管理难题。

8.2.1 集成化的合约与招标管理

为保证项目进行过程中，众多的参建方都能统一按照规范和技术标准来执行项目管控，就需要将数字建造的条款写入合同中。通过合同首先对总包进行要求，并通过在总包合同中设定约束条件，从而对总包单位签订的分包合同进行原始性约束。工程数字化的应用，使得总包合同发生新的变化。例如，一般将图纸作为计量支付和验收的依据，由于BIM技术的应用，使得图纸不仅包含施工图，还包含工程信息模型。但目前我国并没有把工程信息模型作为计量支付和验收的法定依据。因此，通过合同进行约定就显得尤为重要。探索性地将 BIM 写入合同，将 BIM 实施技术要求、BIM 计量计划规则纳入合同，形成法理保障。

基于传统的工程合同管理方式，BIM 技术在合同管理中的应用可以高效可视化地对项目进行管理，同时最大限度地帮助业主进行全过程的工程项目管理工作。另外为了规范工程数字化部分的评标工作，需要由投标人在投标文件中对数字化部分的招标要求作具体响应，同时需要补充其他行业数字化领域的专家作为评标专家的一员，同行业内专家共同对工程数字化部分进行评标。

8.2.2 集成化的设计管理

为了达到设计方案最优的效果，切实解决在传统工程建设过程中经常出现的设计院之间的不协调、专业之间的不融合、设计方案和施工方案之间的断层不连续等弊端，就要求所有的技术必须集成管理。工程里最核心的技术在设计师、工程师的大脑里，只有各专业人员集中进行“头脑风暴”，才可能实现技术方案最优。

为实现技术的集成化管理，组织各阶段签约单位的技术人员，始终坚持同一地点、同一平台、集中办公，高峰时期同时驻场 500 多名技术工作者，见图 8-3。

图 8-3 深化设计集中办公

为确保项目技术成果的质量，设计和深化设计共召开模型审核专题会近 2000 次，出具审核报告 8000 余份，见图 8-4、图 8-5。

图 8-4 模型审核专题会

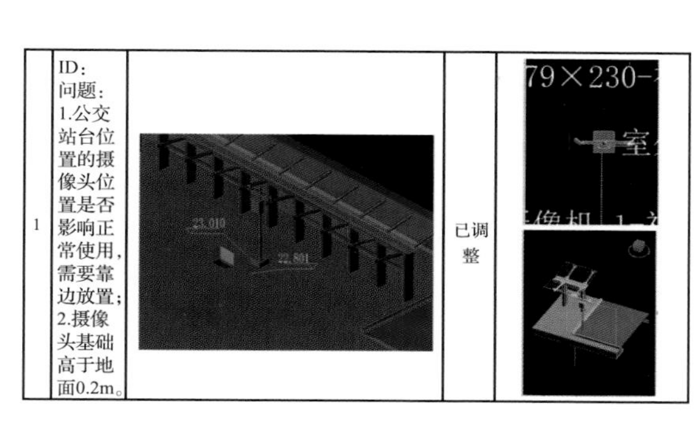

1	ID：问题：1.公交站台位置的摄像头位置是否影响正常使用，需要靠边放置；2.摄像头基础高于地面0.2m。		已调整

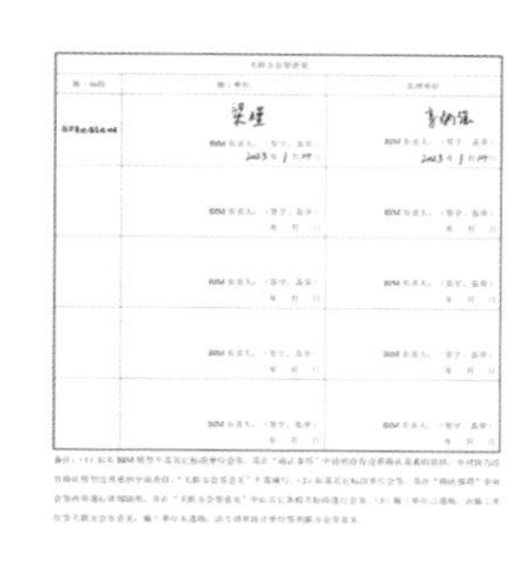

图 8-5　模型审核报告

8.2.3　集成化的施工管理

8.2.3.1　项目管理平台的应用

项目管理平台的总体架构如图 8-6 所示，在全场封闭的前提下，实现对现场人员和施工机械设备进出场进行管控。通过对工程管理流程的线上化，实现了项目管理工作的高效流转和信息的集中共享。通过严格的质量验评系统，确保现场采集的施工数据的准确性，进而保证质量验评系统的质量检验和验收数据真实可靠，实现过程管控的闭合。

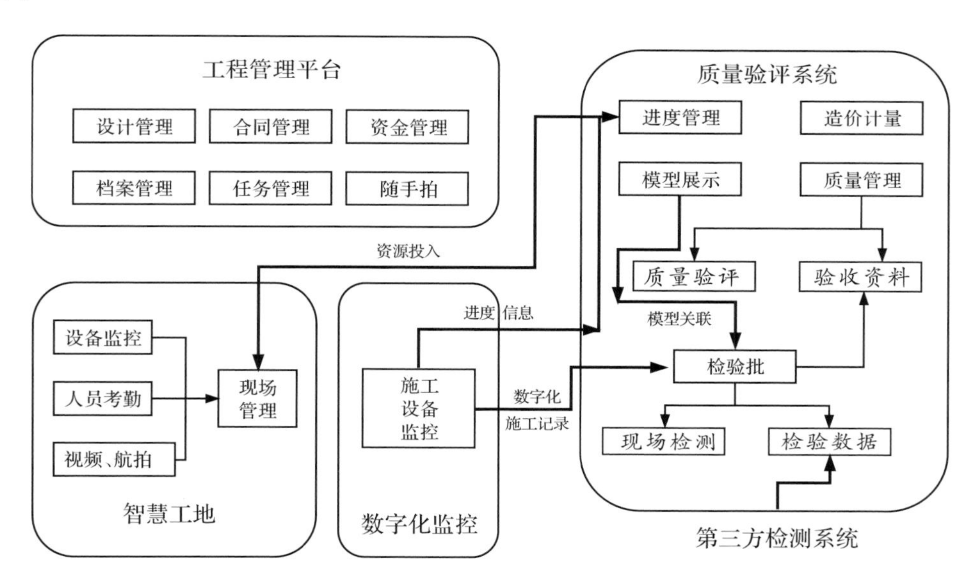

图 8-6　信息化过程管控

由于传统工程建设行业的数据挖掘和利用不充分，建筑业的信息化程度低。信息化过程管控的核心在于对数据的挖掘和应用，数据的挖掘包括初始数据结构化和数据源录入控制，数据的应用包括搭建数据流转的关系，同时将数据流转的关系和项目管理平台软件架构匹配。

8.2.3.2 “实人、实地、实测”采集原始数据

基于BIM模型，将已经线上化的检验批数据规则结构化后，下一个重要的问题是数据源的录入问题，一般来说数据源录入的层级越深、数据链越长，数据的价值往往越大。检验批数据与模型构件相关联，模型的完整性保证了质量验评工作的全面覆盖，这些关联后的内容就是施工现场填报的重点。数据的录入方式包括人工填报和自动获取。人工填报指通过人为拍照片、填数字等方式录入数据，自动获取指某一道工序或者指标的数据是从自动化施工装备中直接获取并开发数据接口传递到质量验评系统中。在现场填报数据时，基于“实人、实地、实测”的要求，最大程度保证了数据的真实性。实人是指用户填报数据时需要经过人脸比对，确保填写数据的用户是指定的质检人员。实地是指系统会自动定位数据填报位置，确保质检人员是在工地现场进行真实检查。实测是指系统要求质检人员上传监测照片，确保现场检查的真实性，见图8-7。

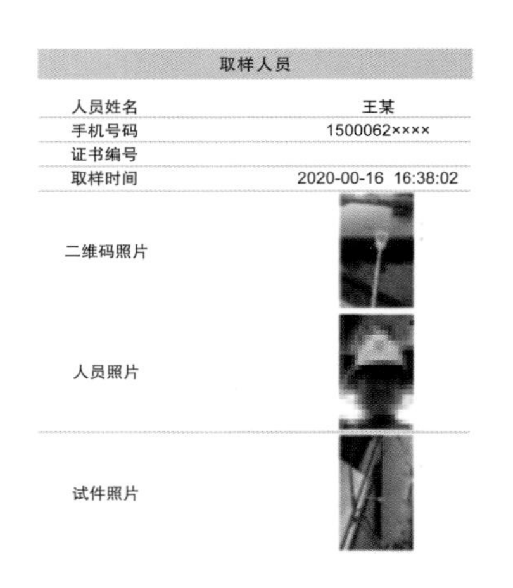

图8-7 “实人、实地、实测”原始数据录入

8.2.3.3 实名制录入信息

为了保证全场人员车辆实名制管理，首先需对全场进行封围管理，严格控制人员、车辆的进出。对全场人员推行实名、刷脸通行，进场时必须录入含实名信息、考勤信息、劳务关系等在内的共27项信息。这些信息支撑劳务关系检查、工资监管，如果没有这些结构化的基础数据，这些应用都无法实现，可见结构化的数据、清晰的数据录入的重要性。场内所有人员每日须通过APP刷脸或闸机刷脸进行打卡，连续3天不打卡则按退场处理，退场后需重新录入才能再进入场区。全场车辆、机械，必须加装数字化

监控装置才能通过卡口进入场区。多途径、多种管控手段为各类数字质控系统提供了基础保障。

8.2.3.4 按图/模型施工

借助高精度逼真的数字信息模型，项目管理人员可以直接向施工作业一线人员进行交底，使工人能直接按照模型施工，避免了传统工程中现场作业人员一边识图纸，一边思考该怎么做的问题。此外，在花湖机场项目的实施过程中也通过采用一些更直观的方式，使施工人员更易施工，例如深化设计切图，从模型切出来的图纸，融合了图集做法、设计说明，三维信息标注，比如钢筋样表，通过模型直接输出，其信息量远大于传统的平法标注，可以直接给作业班组、技术人员、监理使用，甚至具备用于钢筋数字化加工的潜力，如果没有完整的钢筋信息就无法产生这些应用场景，见图 8-8、图 8-9。

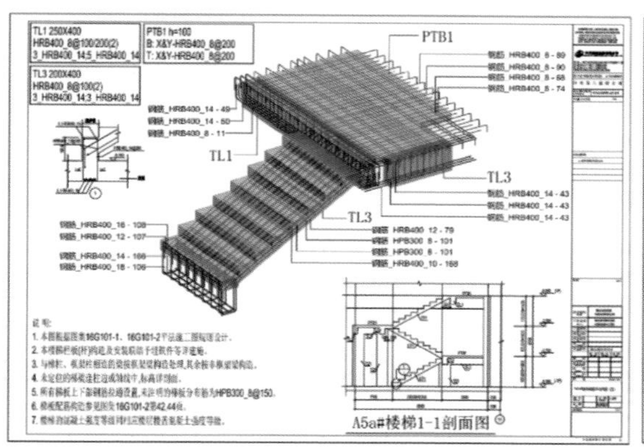

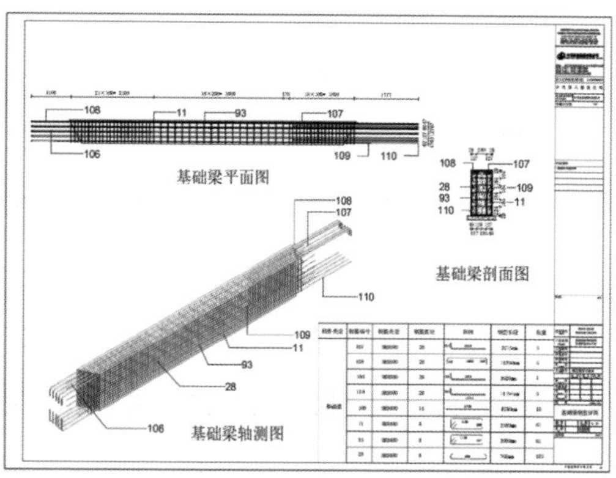

图 8-8 花湖机场项目模型深化切图

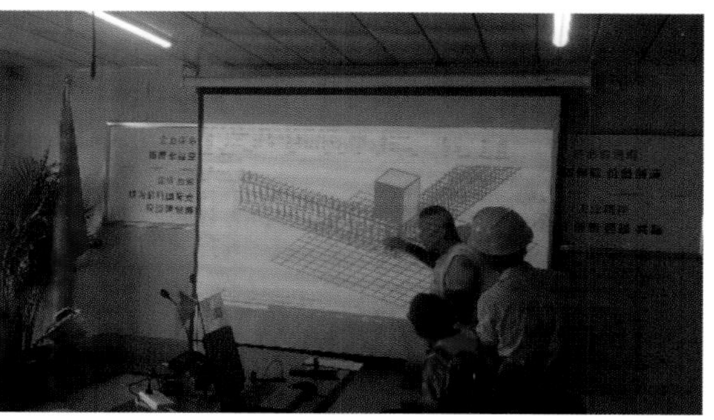

图 8-9 花湖机场项目模型切图指导现场一线人员施工

8.2.3.5 全面监控作业类机械设备

使用数字化监控手段来确保施工机械的数据真实性，合同明确要求：施工机械不安装监控设备不能进场施工，无数字化报告不能验收，未完成验收不能支付。保证了全场施工机械数字化装置的覆盖率。实现对全场碾压机、强夯机、旋挖钻、CFG桩、平地机、推土机、排水板、摊铺机、水泥罐车等施工机械安装数字化监控装置。同时，为进一步消除人为因素对施工带来的影响，尝试采用计算机自动引导机械施工（如挖掘机自动引导、平地机自动引导、道面自动摊铺等），以及真正的无人施工（无人碾压），这些尝试也带来了非常好的效果。

8.2.3.6 随手拍系统

针对过程合规性问题，研发随手拍系统，该系统嵌入公司已有的工程项目管理平台，安装方便，操作简单，进入场区的任何人，均可下载安装APP，只需将发现的各类规范无明确规定及过程性的问题随时上传系统，随后由相应监理督促施工单位完成整改，并提交整改后的现场照片作为证据，问题提交人可随时关注整改进度，如达到整改要求，则可关闭“问题”页面，实现闭环管理，既留存了相关证据，也有利于过程合规性管理。

8.2.3.7 车辆回传系统

当然仅仅凭借人工拍摄对施工现场进行管理还不能完全解决过程合规性问题，因为现场人员毕竟有限，很难实现时间、空间全覆盖，并且上传照片真实性审核工作量也很大。为此，在工程招标时，已提出安装数字化前端装置要求，并写入合同中，工程实施过程中，要求所有进场车辆都安装定位抓拍系统，能够实时回传照片，精准掌握定位，利用回传的照片有效发现并解决了很多安全文明施工的问题。

8.2.3.8 农民工工资监管

实名制管理也对农民工工资发放提供了有力保障，通过定期发送信息给施工人员，了解工资发放情况。施工人员可通过短信中的链接直接向业主进行反馈，业主在收到问题反馈后，第一时间通知相关工作专班解决，同时及时向工人反馈，整个过程在公司纪委督办下完成。

8.2.4 集成化的工程计量与支付管理

工程计量和支付历来是建设方项目管理环节中较为复杂和敏感的管理环节，由于本项目采用了数字建造模式，核心体现就是基于BIM模型来实现对工程质量、进度、成本及变更等各项管理实务，在本书第5章中已经较为详细地介绍了工程计量相关的情况。本项目在策划之初，就着力构建基于BIM技术的工程计量与支付管理，在国家大力推动工程造价市场化改革的背景下，本项目工程计量和支付管理的创新试点无疑将成为行业改革的先行者，创新体现在如下几个方面。

2020 年 1 月 22 日，花湖机场获住房城乡建设部批复开展工程造价管理改革试点（图 8-10），以 BIM 技术在工程造价领域应用为突破口，实施全过程工程造价咨询，合理确定和有效控制工程造价，探索市场形成工程造价的改革路径。要求以 BIM 技术在工程造价领域为突破口，合理确定和有效控制造价，试点的成功批复，为整个项目能够使用花湖机场 BIM 计量计价规则，开展计量支付工作提供了法理保障。

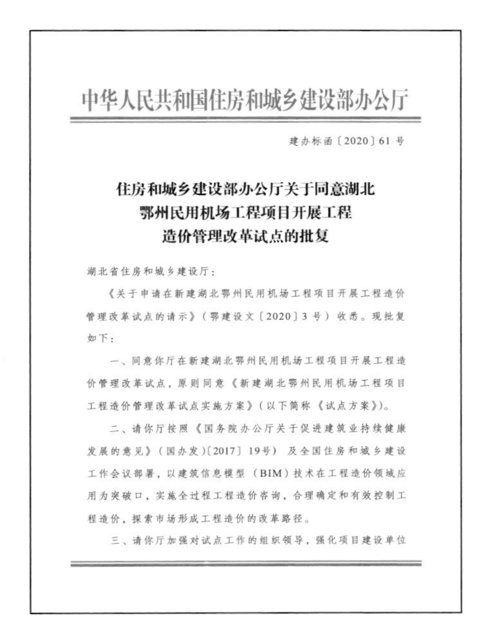

中华人民共和国住房和城乡建设部办公厅

建办标函〔2020〕61 号

住房和城乡建设部办公厅关于同意湖北鄂州民用机场工程项目开展工程造价管理改革试点的批复

湖北省住房和城乡建设厅：

《关于申请在新建湖北鄂州民用机场工程项目开展工程造价管理改革试点的请示》（鄂建设文〔2020〕3 号）收悉。现批复如下：

一、同意你厅在新建湖北鄂州民用机场工程项目开展工程造价管理改革试点，原则同意《新建湖北鄂州民用机场工程项目工程造价管理改革试点实施方案》（以下简称《试点方案》）。

二、请你厅按照《国务院办公厅关于促进建筑业持续健康发展的意见》（国办发）〔2017〕19号）及全国住房和城乡建设工作会议部署，以建筑信息模型（BIM）技术在工程造价领域应用为突破口，实施全过程工程造价咨询，合理确定和有效控制工程造价，探索市场形成工程造价的改革路径。

三、请你厅加强对试点工作的组织领导，强化项目建设单位

对工程造价管控责任，指导项目参建方按照《试点方案》确定的目标，做好工程计量计价、通过市场竞争确定工程造价、构建工程造价数据指标体系等试点工作，形成可复制、可推广的经验。

试点过程中遇到的有关情况和问题请及时反馈我部标准定额司。

住房和城乡建设部办公厅

2020 年 1 月 22 日

（此件依申请公开）

图 8-10 住房城乡建设部批复开展工程造价管理改革试点

8.2.4.1 在清单工程量计量计价方面，试行“简化计量，量价匹配”的模式

制定一套项目级的工程量清单计量规则和计价规则。一是利用 BIM 设计构件模型可以直接导出实物工程量的特点，直接使用实物工程量；二是合并工程量子目，简化计算；三是简化工程量清单计价，实现与国际接轨。

8.2.4.2 在招投标方面，试行“自主报价，竞争价格”的模式

一是投标企业投标报价市场化；二是使用全费用综合单价报价，将各种措施费、规费、税费等费用都计入清单中的对应全费用综合单价中，不再单独列项；三是投标企业使用本企业定额、参考市场行情组合本企业的全费用综合单价；四是以投标企业的全费用综合单价为评标的重要依据；五是以中标单位的全费用综合单价为计量支付和财务结算、决算的依据。

8.2.4.3 在造价管理方面，试行“管控风险，节约投资”的模式

一是采用按标段总承包方式管理项目；二是做好总承包范围内的专业工程和分包

工程的分包和报价；三是做好总包合同中模拟量和暂估价处理的风险防范；四是严格控制施工中的深化设计和变更、签证；五是将构件模型作为计量支付最小单元；六是以全费用综合单价为控制工程造价的重要手段。

8.3 数字建造技术创新

花湖机场围绕数字建造设定的一个信息中心推进数字建造技术创新，推进设计、施工、竣工验收全过程以 BIM 模型为数据基础，积极探索以多源数据集成化、应用数据标准化和集成数据结构化为特征的数字建造技术，为提升 BIM 模型质量、推进基于 BIM 的精细化数字建造项目管理提供技术支撑。

8.3.1 多元数据集成化

要实现工程建造过程的数字化全追踪，工程建设的对象本身需要满足的前提条件之一是该工程建设的对象是可以数字化描述的，也就是说可以直接被计算机识别和读取信息。往往一个工程的设计，是由数以万计的二维图纸所呈现的，二维图纸所表达的设计数据因不同专业间缺乏系统性联系，而导致离散、无序和缺失等问题，不利于管理人员的查阅与调用，需要凭借具有丰富工程建设经验的专业人员进行解读乃至进一步完善，从而割裂了工程设计和管理之间的数据关联，制约着计算机辅助工程管理和CAD设计文件的高效融合。

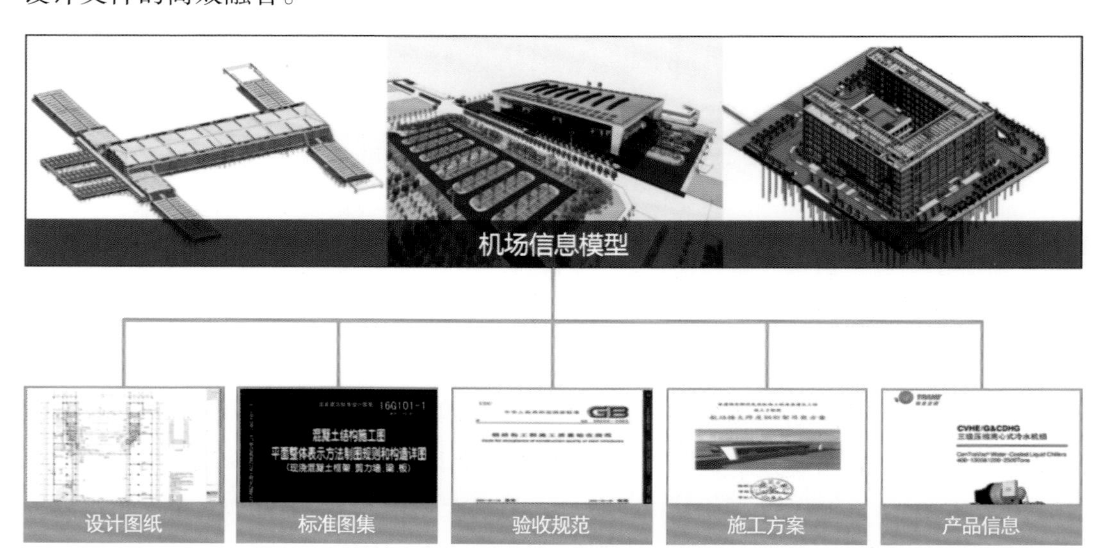

图 8-11　机场信息模型集成多元数据

一个造价百亿元的机场建设往往涉及巨量的图纸技术文件（图 8-11），所有这些技术文件共同来支持一个大型机场的建设。这些文件之间的信息不一定都能够完全准确对应，而且这些文件分布在不同工程参建人员手上，可见传统工程技术文件本身就是信息孤岛，所以因为技术问题导致的工程拆改一定是必然的，而且拆改量不会小。

而借助 BIM 技术，可以实现基于模型的工程设计成果表达（MBD），形成逼真的数字机场模型，将传统工程技术文件，包括设计图纸、标准图集、验收规范、施工方案、产品说明等相关数据集成在一个机场信息模型中，这是一个结构化的数据库，可以直接由计算机读取、识别，形成机场集成化的技术管控。

如图 8-12 所示，左边为传统工程市政管线各专业出图的情况，右边是集成化技术管理后的BIM模型情况，施工人员拿到左边的图后，难以在施工现场完全按照右边模型进行实施，往往是用现场调整的方式解决。

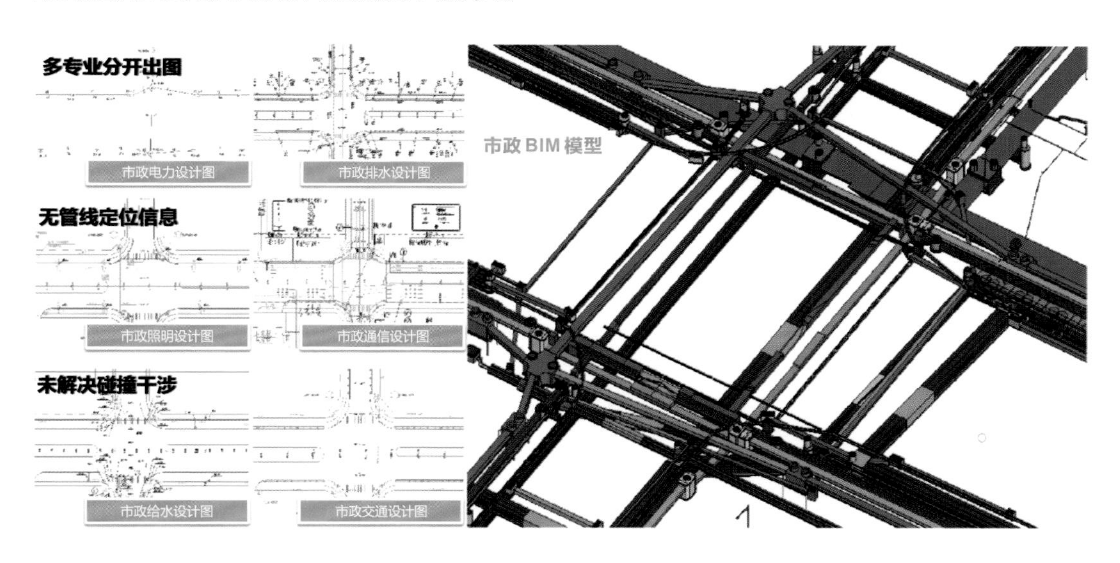

图 8-12　集成化技术管理与传统工程技术管理对比

数字机场模型的精细度需匹配工程管理的颗粒度。为了实现对工程建造过程各个工序的管控，确保工程质检人员能对照着每一个质检对象进行质量管控，需要数字模型的精细度达到构件级，精细到每根桩、柱、梁、钢筋、线缆、设备器件等最小的质检单元，并逐构件落实设计说明、图集规范与细部处理等要求，现场工人可直接据以操作，如图 8-13 所示。

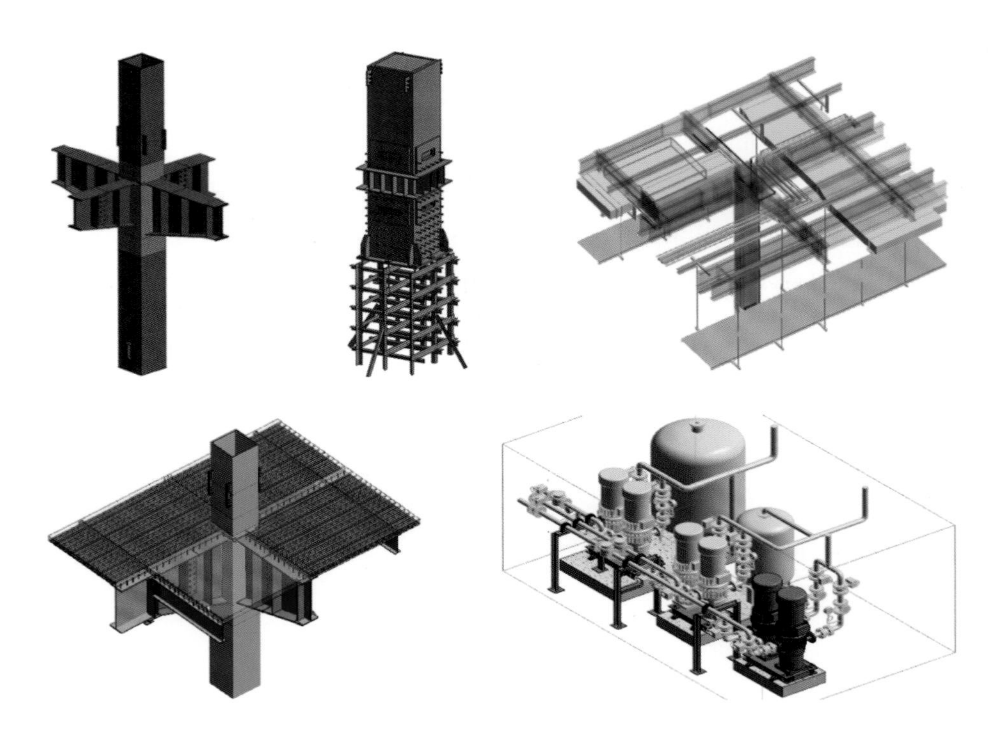

图 8-13　花湖机场项目模型细部节点展示

8.3.2　应用数据标准化

为了构建逼真的高精度数字机场模型，有必要建立一套项目各参与方共同执行的标准与规则。标准的建立是项目实施数字化设计的基石，在充分研读与借鉴《建筑信息模型分类和编码标准》等国家标准和ISO 16739等系列国际标准的基础上（图 8-14），花

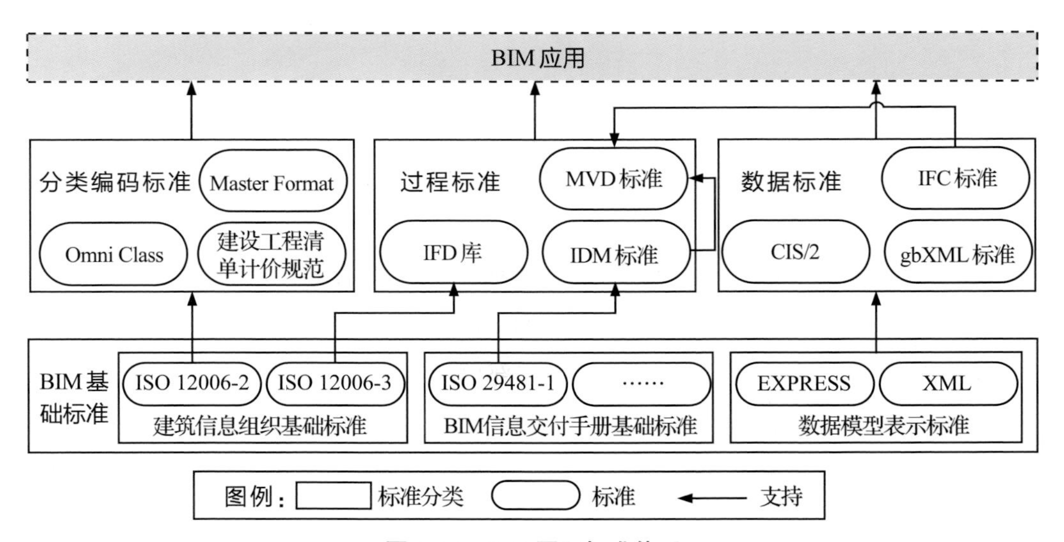

图 8-14　BIM 国际标准体系

湖机场在2017—2019年期间先后完成项目BIM实施的顶层设计，先导性地编制了《湖北国际物流核心枢纽项目BIM技术标准》体系，在此基础上进一步深化、细化，编制《湖北鄂州民用机场BIM技术标准》作为指导机场工程BIM实施的标准。

现行BIM国标的思路无法直接应用于基于BIM的工程质量、进度、成本、安全等多维度应用。国标各标准从不同维度约束BIM模型，内容并不完全衔接，当进行多维度信息拉通的时候会出现不同标准多维度信息互相矛盾的现象，制定项目级标准时需进行充分的融合与贯通，对构件和构件的多维度信息进行穷举，仅通过继承并打补丁的方式不能解决根本问题；BIM国标对于模型精度（LOD、G、N）仅做趋势性描述，适用于3D维度应用，3D以上维度应用需全面规定对象的模型结构、建模精度、建模方式、计量、验评、运维等各维度要求，在落地过程中就需要对构件多维度信息进行拉通、穷举、对象化，需要制定能够与计算机进行交互的BIM标准，也就是模型数据字典。

在项目标准的实施过程中，设计信息与造价属性等相关信息在现有的分类编码体系下，无法进行有效关联，制约全流程的数据管理。为此，项目在2020年创新性提出构件信息总表，打通设计、造价、施工等多维度信息在模型中的对应关系，实现数据集成于模型之中。构件信息总表旨在明确模型各类构件的建模要求和编码规则，为数据在信息化平台上的流转提供了有效路径。为解决海量数据录入和审核的难题，项目进一步开发数据库进行管理。

8.3.3 集成数据结构化

通过对设计和深化设计的集成化技术管理，解决了前端的各种设计问题。进入施工阶段后，为解决施工过程中存在的信息不透明、过程证据化不足的问题，花湖机场进一步对施工开展了信息化过程管控。

工程建设过程中所遇到的问题可分为两类。第一类是结果真实性问题，这类问题在项目中通过质量验评系统以及各类施工数字化监控系统来解决。第二类是过程合规性问题，这类问题涉及工程日常工作的方方面面，在项目中通过随手拍系统来解决。花湖机场相应制定了一系列措施，用以支持系统更好地实现管理效能。针对结果真实性问题，关键要确保过程证据化，花湖机场联合软件厂商，自主研发了质量验评系统。质量验评系统工作的第一步就是将海量的标准和规范文件按要求转换为线上的表单、指标项，将涉及机场建设的民航、市政、建筑的3个行业、29个专业、76部施工验收规范和标准规定的4217道验收工序、9863个指标，抽象成计算机流程、表单和规则，写入质量验评系统，便于后续用计算机进行管理，见图8-15。

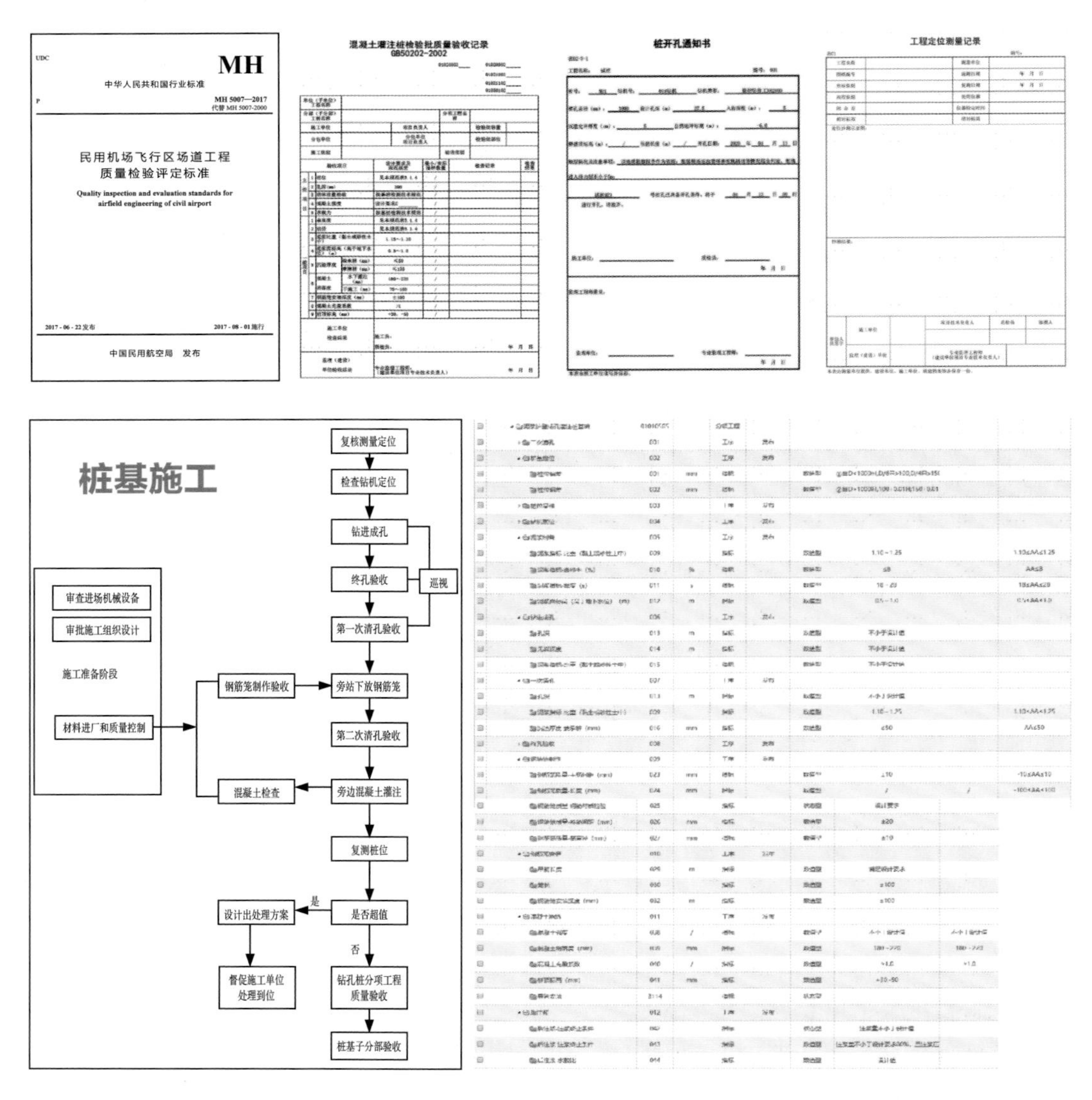

图 8-15　施工验收标准结构化写入软件

花湖机场BIM建模分为总体规划、初步设计、施工图设计、深化设计四个阶段，各阶段的模型文件数量、构件数量都呈几何倍数增加，最终在深化设计阶段达到四千万级别的构件数量和十亿级以上的信息数量（表 8-1 与图 8-16），这就是建造大数据。相对传统的二维图设计的工程，技术工作只会到施工图设计阶段，施工图设计模型的信息量只有深化设计模型的信息量的十分之一，二维施工图设计的信息量还不到深化设计模型的信息量的十分之一，更加印证了 80%信息为暗数据的说法。

表 8-1 花湖机场项目不同阶段 BIM 体量统计表

设计阶段	模型容量	构件数量	属性数量
总体规划	35.8 M	500 个	8000 条
初步设计	3.15 G	22 万个	250 万条
施工图设计	17.5 G	267 万个	3210 万条
深化设计	140 G	4100 万个	16.4 亿条

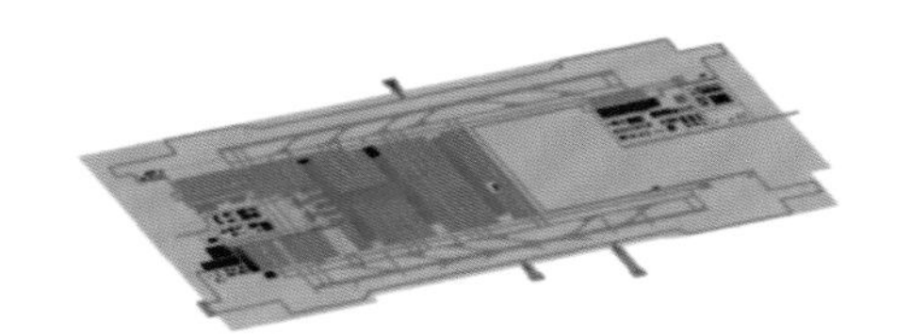

总体规划：18 个模型，500 个构件

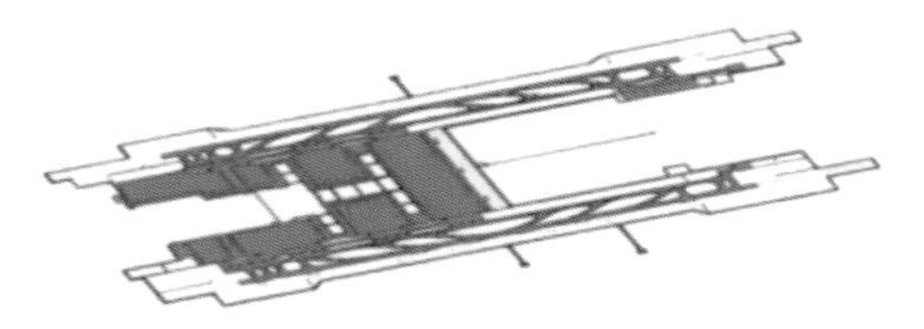

初步设计：955 个模型，22 万个构件

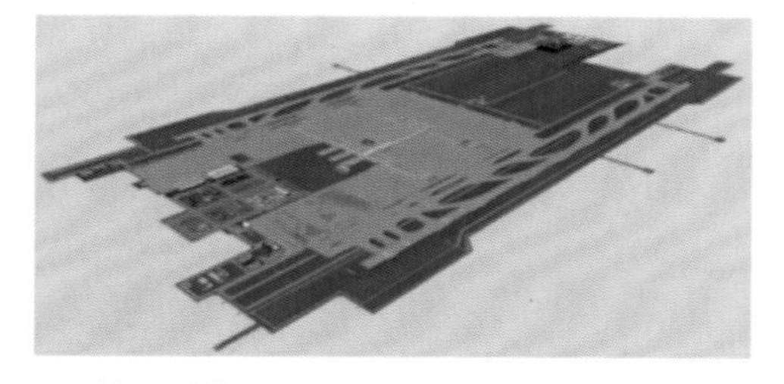

施工图设计：1839 个模型，267 万个构件

深化设计：4112 个模型，4100 万个构件

图 8-16 不同阶段 BIM 模型体量

通过集成化的技术管理，花湖机场在设计阶段解决了 10 余项重大设计优化问题，在施工深化设计阶段发现并解决 3 万余条问题，其中碰撞类问题 2 万条以上、施工可行类问题 5000 条以上，提前在计算机中解决这些问题。传统机场建设中这些问题大部分都是在施工现场发现后再解决，在施工现场造成投资浪费和工期增加，花湖机场建设中类似的问题基本在模型中解决完，施工现场发现的问题趋近于零。由此可见，在工程设计阶段构建逼真的数字机场模型，是决定工程数字建造实施的关键。

8.4 工程交付方式创新

在大型机场项目建设过程中各参建单位难免会产生海量文件及各类信息，传统的依靠设计图纸、纸质文档以及线下管理人员填报表单的项目管理方式，不仅会在过程中产生庞大的信息量，使得项目的各参建方的众多资料处于相对孤立、分散的状态，难以精确满足交付管理的需求，而且会给交付接收方增加巨大的项目数据整合、校对成本。随着数字中国的大力推进建设，数字化程度相对较低的工程领域同样面临着数字化转型的严峻问题，一般国内数字化交付项目只是简单地将纸质文档通过电子扫描的方式改为电子文档进行移交，仅仅从形式上做到了数字化，而源头上暂未作出根本性改变。

花湖机场项目充分发挥BIM技术全生命周期、各参建方协调管理、五大施工管理平台的优势，建立以 BIM 模型与数字化施工过程文件为核心，对工程项目施工图设计、施工准备、施工实施、竣工验收等过程中各方产生的相关 BIM 与数字化施工资料进行创建，实现 BIM 模型成果及数字化施工应用成果、管理文档的数字化移交，创建涵盖模型综合会审文件、设计文件、BIM成果文件、数字工地文件、数字化监控技术文件等在内的数字化验收档案。

花湖机场数字化交付并非项目竣工时一次性交付，而是项目实施各阶段的过程交付，其交付成果足以支持项目全过程数字化管理的应用需求，实现了终版文件管理向全生命周期成果管理的转变。数字化集成交付的数据信息应以 BIM 模型与数字化施工文件为主，相关管控审核报告、过程管理文件以及相关验收资料为辅，由成果交付方分阶段按项目及合同具体需求交付。从施工管理的角度出发，设计阶段交付的设计成果是后续施工实施的基础与前提。

8.5 总结与展望

8.5.1 总结

数字建造的实施是一项复杂的系统工程，尤其在规模庞大、建设过程复杂的机场工程中实施数字建造，实施前的策划工作尤为重要，花湖机场建设指挥部从建设之初就开展多方数字建造的论证，并且在诸多建设方尚未招标的情况下最先开展 BIM 咨询单位的招标，为数字建造的策划奠定了基础。本书从数字化的内涵到数字建造的创新，全面论述了花湖机场数字建造的总体策划。经实践检验，充分验证了策划的前瞻性与先进性，工程实践取得了较好的社会效益与经济效益，实现了包括工程建设模式在内的多项创新，其宝贵的实践经验对推动机场建设行业的数字建造具有重要借鉴意义。但同时也看到实施过程中的一些不足之处，主要体现在以下几个方面：

（1）体制机制方面的问题。比如目前国家还未出台基于 BIM 模型的计量和组价规则，这对于推动 BIM 在工程造价方面的应用存在较大的障碍。另外目前针对花湖机场的工程建设组织模式来说，在前期编制可行性研究报告中，无法把BIM咨询费作为单列项，导致项目在后期实施中缺乏费用支持。

(2)软件支撑方面的问题。整个项目数字建造的实施涉及多种软件,包括 BIM 建模软件、分析软件、协同软件等,各种软件的数据交互存在较大的问题,同时现有的BIM协同管理平台很难支撑数据这样庞大的项目。

(3)有效资源不足。由于项目数字建造实施的要求较高,满足此类项目的有效供应商资源不足,如既懂 BIM 又懂管理的 BIM 咨询单位少之又少,同时能够开展 BIM 正向设计的设计单位资源也不足。

8.5.2 展望

2020 年 7 月住房和城乡建设部、国家发展改革委、科技部等 13 部门联合印发了《关于推动智能建造与建筑工业化协同发展的指导意见》(简称《指导意见》),指出要以大力发展建筑工业化为载体,以数字化、智能化升级为动力,创新突破相关核心技术,加大智能建造在工程建设各环节的应用,形成涵盖科研、设计、生产加工、施工装配、运营等的全产业链融合一体的智能建造产业体系。《指导意见》提出,要大力发展装配式建筑,推动建立以标准部品为基础的专业化、规模化、信息化生产体系。《指导意见》中强调要建立智能建造和建筑工业化协同发展的体系框架,探索适用于智能建造与建筑工业化协同发展的新型组织方式、流程和管理模式。

当前花湖机场在推动数字建造方面取得了较大的应用成效,但距离智能建造和工业化协同发展的要求差距还比较大,大部分的机场建设还没有实现大规模的建造工业化,机场行业的部分科研和生产机构也在加大研发力量,推进机场建设的工业化进程,比如装配式路面技术的研发已经实现了部分项目的试点应用,这些技术的研发和试点应用为机场建设行业的大规模推广奠定了良好的基础。

另外机场建成后还是一个庞大的生产运营场地,客流、物流、航空器、基础设施等要素构成的复杂运营环境给机场的安全、高效和绿色运营带来严峻的考验。虽然近些年国内一些大型机场采用了诸如信息化、物联网等技术解决了传统机场运营管理的诸多问题,但并未真正实现数字化运维或智慧化运维,因此在项目建设之初,围绕工程数字化技术的全生命周期应用开展数字运维的研究与策划是非常有必要的。机场的数字化建造最终形成和交付数字化机场,数字化建筑、数字化市政、数字化场道等数字基础设施共同构建了数字化机场的基础性数据。花湖机场在建成后,最终会形成后期运维所需的基础性数据,再结合物联网、云计算、移动终端、GIS 等技术的集成应用,建成数字化运维系统,随着大数据、人工智能技术的发展,数字化运维终将迈入智慧化运维的高级阶段,数字化、智慧化运维对机场建成后的运维管理将发挥重大作用,为机场建成后的安全、高效、节约运维提供重要的技术支撑,不仅实现了数字资产的再利用,同时也助力智慧机场的建设。

附录 A　数字建造策划术语定义

A.1　术语定义

本附录的术语定义适用于湖北国际物流核心枢纽项目数字建造策划、实施及数字运维的全生命周期。

湖北国际物流核心枢纽项目(Ezhou Hub Engineering)：鄂州花湖机场转运中心工程(简称转运中心工程)、鄂州花湖机场工程(简称机场工程)、鄂州花湖机场顺丰航空公司基地工程(简称顺丰航空基地工程)和供油工程等，简称“EHE”。

数字化建造(Digital Fabrication)：指数字化技术在工程建设阶段(设计和施工阶段)的应用，包括数字化设计、数字化加工以及数字化施工。

数字化设计(Digital Design)：指基于以BIM为主的数字化技术，进行三维参数化协同设计。

数字化施工(Digital Construction)：运用数字化技术辅助工程建造，实现人与终端信息交互，主要体现为表达分析、计算模拟、监测控制以及全过程的连续信息流的构建。

数字化交付(Digital Delivery)：通过数字化平台管理工程信息，将设计、采购、施工等阶段产生的数据、文档、模型以标准运维的模式进行交付，是一种区别于传统纸质文档交付的新型交付方式。

数字化运维(Digital Operation)：基于“数字孪生”理念创建针对运维目标的数字化镜像，通过传感器对运维过程中的实际情况进行准实时复制，将物联网技术、无线传输技术、云服务等技术与运维业务相融合，提供从源端到云端整套运维解决方案。

智慧建造(Intelligent Fabrication)：是数字化建造的高级阶段。

智慧运维(Intelligent Operation)：是数字化运维的高级阶段。

BIM正向设计(BIM Forward Design)：用BIM软件直接进行三维设计工作，赋予设计对象属性信息，最后将设计成果从三维模型导出，形成二维图纸。

BIM正向实施(BIM Forward Implementation)：旨在发挥三维BIM模型多专业协同设计、结构化信息表达优势，强调设计数据源唯一性和数据流转连续性的“图、模、物”一致性表达，实现工程设计三维信息完整表达和施工现场按BIM模型精准施工。

协同(Collaboration):基于 BIM 模型进行数据共享及相互操作的过程。

协同管理平台(Coordination Management Platform):指基于 BIM 技术开发的用于 BIM 实施关联方实现建筑全生命周期 BIM 模型共享、交换、管理及应用的软件平台,简称 CMP 平台。

物联网(Internet of Things):本意指的是在物与物之间所建立的一种可以交互的网络。

人工智能(Artificial Intelligence, AI):是研究、开发用于模拟、延伸和扩展人的智能的理论、方法、技术及应用系统的一门新的技术科学。

建筑信息模型(Building Information Modeling):在建设工程及设施全生命周期内,对其物理和功能特性进行数字化表达,并依此设计、施工、运维的过程和结果的总称;同时也是一个共享的知识资源,为项目全生命周期内的决策提供可靠的数字化依据,简称"BIM"。

云计算(Cloud Computing):分布式计算的一种,指通过网络"云"将巨大的数据计算处理程序分解成无数个小程序,然后,通过多台服务器组成的系统处理和分析这些小程序得到的结果并返回给用户。

大数据(Big Data):一种在获取、存储、管理、分析方面规模大大超出了传统数据库软件工具能力范围的数据集合,具有海量的数据规模、快速的数据流转、多样的数据类型和价值密度低四大特征。

计算机视觉(Computer Vision):指用摄影机和电脑代替人眼对目标进行识别、跟踪和测量等,并进一步做图形处理,使电脑将其处理成为更适合人眼观察或传送给仪器检测的图像。

设施管理(Facility Management):通过全面整合、专业设计和精细管控设备与设备、设备与使用人、设备与环境,为设施运行成本控制、效率提升和环境优化提供专业解决方案。

数字孪生(Digital Twin):又称为数字映射、数字镜像,是充分利用物理模型、传感器更新、运行历史等数据,集成多学科、多物理量、多尺度、多概率的仿真过程,在虚拟空间中完成映射,从而反映相对应的项目实体的全生命周期过程。

GIS 技术(Geographic Information System Technology):是多种学科交叉的产物,它以地理空间为基础,采用地理模型分析方法,实时提供多种空间和动态的地理信息,是一种为地理研究和地理决策服务的计算机技术系统。

智慧工地(Intelligent Construction Site):是指运用信息化手段,通过三维设计平台对工程项目进行精确设计和施工模拟,围绕施工过程管理,建立互联协同、智能生产、科学管理的施工项目信息化生态圈,并将此数据在虚拟现实环境下与物联网采集到的工程信息进行数据挖掘分析，提供过程趋势预测及专家预案，实现工程施工可视化智能管理。

数字化监控(Digital Monitoring)：是指通过软硬件将监控摄像头采集到的图像处理成数字信号，传送到电脑进行处理的过程。

项目全生命周期(Project Life Circle)：一个项目从概念到完成所经过的所有阶段，包括项目决策阶段、项目实施阶段及项目使用阶段。

互联网+(Internet Plus)：指“互联网+传统行业”，随着科学技术的发展，利用信息技术和互联网平台，使得传统行业与互联网融合，利用互联网具备的优势特点，创造新的发展机会。

RFID 技术(Radio Frequency Identification)：无线射频识别即射频识别技术，是自动识别技术的一种，通过无线射频方式进行非接触双向数据通信，利用无线射频方式对记录媒体(电子标签或射频卡)进行读写，从而达到识别目标和数据交换的目的。

BIM 实施甲方(First Party of BIM-Consultant Project)：单项工程(例如机场工程)BIM 实施咨询项目的甲方。

样例：机场工程 BIM 实施咨询项目的合同委托方是湖北国际物流机场有限公司，即机场工程 BIM 实施甲方。

BIM 实施关联方(BIM-Stakeholder)：在 BIM 实施过程中承担任务的相关单位，包括 BIM 实施甲方、EHE-BIM 总咨询、单项工程 BIM 咨询顾问、工程设计顾问、单项工程设计总包、单项工程监理、单项工程施工总包、工程主供应商、单项工程运维等。

工程(项目)(Project)：按一个总体规划或设计进行建设的，由一个或若干个互有内在联系的单项工程组成的工程总和。

样例：“湖北国际物流核心枢纽工程”作为一个工程，由多个互相联系的单项工程组成，按照一个总体设计进行建设，由独立的组织实行统一管理。

单项工程(Sectional Works)：工程的组成部分，但具有独立的设计文件，建成后能够独立发挥生产能力或工程效益的工程。

样例：“湖北国际物流核心枢纽工程”包含以下五个单项工程：①鄂州花湖机场转运中心工程，简称转运中心工程；②鄂州花湖机场工程，简称机场工程；③鄂州花湖机场顺丰航空公司基地工程，简称顺丰航空基地工程；④供油工程；⑤走马湖水系综合治理工程。

单位工程(Unit Works)：单项工程的组成部分，具备独立施工条件，功能相对独立的工程。

样例：全场地基处理与土石方工程、飞行区场道工程、航站楼及楼前停车场以及市政道路工程等单位工程组成湖北国际物流核心枢纽项目机场工程。

子单位工程(Subunit Works):单位工程的组成部分,从复杂的单位工程中单独划分出来,但具有独立的设计文件,以便于施工、管理、资金控制的能形成独立使用功能的部分。

样例:单位工程助航灯光工程由子单位工程助航灯光工艺、灯光中心站及场务与飞管部业务用房、1#灯光站工程及地面服务部业务用房、2#灯光站工程和3#灯光站工程组成。

阶段(Project Phase):两个主要里程碑之间的时间段,是按照工程的基本建设程序,根据工程建设实际情况和管理需要,以及设计深度与施工进程对工程建设期进行划分。

样例:方案设计、初步设计、施工图设计、施工准备、施工实施、竣工等阶段。

专业(Specialty):按不同的工程技术领域,将某一阶段内的设计工作范围划分成若干个组成单元。

样例:岩土专业、场道专业、建筑专业、结构专业、暖通专业等。

子专业(Subspecialty):专业的组成部分,是按不同的专业细分技术内容再将专业划分为若干个细分组成单元。

样例:建筑专业_门窗工程。

二级子专业(Secondary Subspecialty):子专业的组成部分,是按不同的专业细分技术内容再将子专业划分为若干个细分组成单元。

样例:建筑专业_门窗工程_门。

系统(System):如果由多个子系统按照一定的业务技术规则进行系统集成或功能整合而构成一个更加完整的业务技术体系,该体系称为系统。

样例:暖通系统(包含送排风、防排烟、空调水等子系统)。

子系统(Subsystem):由能够完成一种或者几种业务功能的多个设备按照一定的规则装配组合在一起的技术结构叫作子系统。

样例:暖通系统_防排烟系统。

BIM模型构件(BIM Component):承载建筑(工程)构件相关信息(属性/参数)的数据载体,是BIM工具操作处理的软件实体,即建筑(工程)构件的数字化载体与虚拟展示。

样例:一扇M0921门、一根300×600梁、一个活塞式冷水机组-1336kW设备,一根DN100水管、一块5m左右的水泥混凝土铺面面层方块等的BIM信息载体均为一个BIM模型构件。

BIM模型构件单元(Model Unit):一个或多个BIM模型构件的组合。

样例:一个典型的办公室家具BIM模型构件单元,由沙发、茶几、办公桌、办公椅等BIM模型构件组合而成。

软件对应:Revit-组(Group),OBD-单元(Cell),ORD-单元(Cell)。其中Revit是

Autodesk Revit 软件简称，OBD 是 OpenBuilding Designer 软件简称，ORD 是 OpenRoads Designer 软件简称。

建筑信息模型软件(BIM Software)：对建筑信息模型进行创建、使用、管理的软件，简称 BIM 软件。BIM 软件可分为 BIM 建模软件、BIM 应用软件两种类型。

交付(Delivery)：根据工程项目应用需求，将设计和施工信息传递给需求方的行为。

交付物/交付要件(Deliverable)：基于建筑信息模型交付的成果。

配置管理(Configuration Management)：对交付物的演变过程进行记录和维护，确保交付物的一致性和可追溯性，使其最大限度满足 BIM 实施应用需求的一系列管理手段。

验收(Acceptance)：机场工程BIM成果在设计或施工单位自行检查合格的基础上，由机场工程 BIM 咨询顾问组织、BIM 实施甲方签认，对专业、子单位工程、单位工程、标段的 BIM 成果进行审核，并根据相关标准对 BIM 成果是否达到合格进行验收确认。

构件类别(Component Category)：指按建筑功能、材料设备、施工工艺、空间位置、防火性能、技术规格等因素分类的同一维度的构件集合。

样例：门类别（区别于其他建筑构件类别，如梁类别、窗类别、柱类别等）、（道面）铺面类别。

软件对应：Revit-类别（Category），OBD-对象类型（Catalog Type）。

构件实例(Component Instance)：同一种构件类型可以在建筑信息模型中多处派生的建筑工程构件实物，每一个派生实物即是该构件类型的一个实例。在工程实施阶段该构件实例将实物化并产生带有施工编码的实物工程量和相应造价。

样例：建筑物地下一层的某个具体位置的门_防火卷帘门_JM2440、道面一块 5m 左右的（道面）铺面_面层_水泥混凝土面层方块均为一个构件实例，其具有唯一性。

软件对应：Revit-实例（Instance），OBD-元素（Element），ORD-元素（Element）。

编码(Coding)：给事物或概念赋予代码的过程，同类事物或概念的编码应具有可识别性和唯一性。

构件编码(Code of Component)：由构件的项目管理属性代码组、设计管理属性代码组、构件管理属性代码组、构件实例属性代码组四个代码组构成，不同代码组中间以“_”连接，是标准构件包含的所有信息集合的唯一标识。

分类编码(Classified Code)：由构件的专业代码、子专业代码、二级子专业代码、构件类别代码、构件子类别代码和构件类型代码组成，为构件编码的一部分。

模型精度(Level of Development)：指模型包含的模型构件单元内容以及每一个模型构件单元几何信息和属性信息的详细程度，简称 LOD。

风险识别(Risk Identification)：工程项目风险管理的第一步，从错综复杂环境中找出项目所面临的主要风险。

风险评估(Risk Assessment):指量化测评某一事件或事物发生的可能程度和带来的损失影响的多少。

风险应对(Risk Response):指在确定了决策的主体经营活动中存在的风险,并分析出风险概率及其风险影响程度的基础上,根据风险性质和决策主体对风险的承受能力而制定的回避、承受、降低或者分担风险等相应防范计划。

BIM 工程计量(BIM-based Engineering Measurement):是一种可借助 BIM 模型进行工程量计算的方法。

造价咨询单位(Cost Consulting Service Provider):指接受委托,对建设项目工程造价的确定与控制提供专业服务,出具工程造价成果文件的中介组织或咨询服务机构。

BIM 技术成熟度(BIM Technology Readiness Level):是项目管理成熟度和软件应用能力成熟度的综合体现。

合同清标(Tender Audit):结合招标文件的要求,通过采用核对、比较、筛选等方法,对投标文件进行的基础性的数据分析和整理工作,判断投标单位对于招标文件的响应程度,为评标提供依据,同时对投标单位提出的答疑进行澄清,降低合同履约过程中的潜在风险。

BIM 工具类软件(BIM Tooling Software):主要是指用以创建模型、深化设计模型或对 BIM 搭载的数据信息进行加工处理的一类软件。

基于 BIM 的工程项目管理平台(BIM-based Project Management Platform):基于 BIM 技术将项目管理过程中各类工程信息整合,集成人员、数据、表单的一体化管理流程,以此提高各参建方的工作效率,实现无纸化办公。

轻量化模型浏览引擎(Lightweight Model Browsing Engine):通过模型轻量化插件,将常规 BIM 模型轻量化至原来的 1/20 以上,经过轻量化之后可以保留模型构件的所有几何信息和属性信息。

数字化施工管理平台(Construction Digitalization Management Platform):利用信息技术建立数字化工地,充分应用物联网、大数据、人工智能等先进技术,搭建以项目为主体的多方协同、多级联动、管理预控、整合高效的智慧工地平台,实现对施工现场人员、安全、质量、进度、环境、设备等的在线监测。

B/S 结构(Browser/Server):指一种只安装维护一个服务器(Server),而客户端选用浏览器(Browser)运行软件的网络结构形式。

PLM(Project Lifecycle Management,项目全生命周期管理):围绕工程建设全生命周期,实现工程项目从投资分析、工程立项到竣工交付的全过程完整生产管理。

物料清单(Bill of Material,BOM):指在计算机辅助企业生产管理中,为使计算机能够读取项目产品构成和所有要涉及的物料信息，便于计算机识别，把用图示表达的产品结构转化成某种数据格式形成的文件。

样例：设计物料清单（EBOM）、计划物料清单（PBOM）、制造物料清单（MBOM）。

数据信息安全（Data Information Security）：数据信息的硬件、软件及数据受到保护，不因偶然的或者恶意的原因而遭到破坏、更改、泄露，系统连续可靠正常地运行，信息服务不中断。

单车智能（Automatic Drive）：即自动驾驶，通过在汽车上加装毫米波雷达、激光雷达、车载摄像头等硬件设备，配备完善的软件系统，让车辆成为独立的、智能的个体，实现自动驾驶能力。

车路协同（Intelligent Vehicle Infrastructure Cooperative Systems）：采用先进的无线通信和新一代互联网等技术，全方位实施车-车、车-路动态实时信息交互，并在全时空动态交通信息采集与融合的基础上实现车辆主动安全控制和道路协同管理。

A.2 术语缩略语

表 A-1 中英文术语缩略语对照表

序号	术语	英文	中文拼音	英文
			缩略语	缩略语
1	湖北国际物流核心枢纽项目	Ezhou Hub Engineering	HBGJSN	EHE
2	数字化建造	Digital Fabrication	SZJZ	DF
3	数字化设计	Digital Design	SZSJ	DDs
4	数字化施工	Digital Construction	SZSG	DC
5	数字化交付	Digital Delivery	SZJF	DDl
6	数字化运维	Digital Operation	SZYW	DO
7	智慧建造	Intelligent Fabrication	ZHJZ	IF
8	智慧运维	Intelligent Operation	ZHYW	IO
9	BIM 正向设计	BIM Forward Design	BIM-ZXSJ	BIM-FD
10	BIM 正向实施	BIM Forward Implementation	BIM-ZXSS	BIM-FI
11	协同管理平台	Coordination Management Platform	XTPT	CMP
12	物联网	Internet of Things	WLW	IoT
13	人工智能	Artificial Intelligence	RGZN	AI
14	建筑信息模型	Building Information Modeling	JZXXMX	BIM
15	云计算	Cloud Computing	YJS	CC
16	大数据	Big Data	DSJ	BD

续表 A-1

序号	术语	英文	中文拼音缩略语	英文缩略语
17	计算机视觉	Computer Vision	JSJSJ	CV
18	设施管理	Facility Management	SSGL	FM
19	数字孪生	Digital Twin	SZLS	DT
20	地理信息系统技术	Geographic Information System Technology	DLXXXT	GIST
21	智慧工地	Intelligent Construction Site	ZHGD	ICS
22	数字化监控	Digital Monitoring	SZJK	DM
23	项目全生命周期	Project Life Circle	XMQSMZQ	PLC
24	协同	Collaboration	XT	C
25	互联网+	Internet Plus	HLW+	Ip
26	无线射频识别	Radio Frequency Identification	WXSPSB	RFID
27	BIM 实施关联方	BIM-Stakeholder	BIM-GLF	BIM-SH
28	BIM 实施甲方	First Party of BIM-Consultant Project	BIM-JF	BIM-FP
29	工程(项目)	Project	GC	P
30	单项工程	Sectional Works	DXGC	SW
31	单位工程	Unit Works	DWGC	UW
32	子单位工程	Subunit Works	ZDWGC	SUW
33	阶段	Project Phase	JD	PP
34	专业	Specialty	ZY	Pro
35	子专业	Subspecialty	ZZY	PE
36	二级子专业	Secondary Subspecialty	EZZY	SPE
37	系统	System	XT	ST
38	子系统	Subsystem	ZXT	SST
39	BIM 模型构件	BIM Component	MXGJ	BIM-Co
40	BIM 模型构件单元	Model Unit	MXGJDY	MU
41	建筑信息模型软件	BIM Software	BIM-RJ	BIM-S
42	交付	Delivery	JF	Dlvr
43	应用需求	Application Requirements	YYXQ	AR
44	交付物 /交付要件	Deliverable	JFW	Dlvrb
45	配置管理	Configuration Management	PZGL	CM

续表 A-1

序号	术语	英文	中文拼音	英文
			缩略语	缩略语
46	验收	Acceptance	YS	Acc
47	构件类别	Component Category	GJLB	CpC
48	构件实例	Component Instance	GJSL	CpI
49	编码	Coding	BM	Cdg
50	构件编码	Code of Component	GJBM	CCp
51	分类编码	Classified Code	FLBM	CCd
52	模型精度	Level of Development	MXJD	LOD
53	风险识别	Risk Identification	FXSB	RI
54	风险评估	Risk Assessment	FXPG	RA
55	风险应对	Risk Response	FXYD	RR
56	BIM 工程计量	BIM-based Engineering Measurement	BIM-GCJL	BIM-EM
57	造价咨询单位	Cost Consulting Service Provider	ZJZXDW	CCSP
58	BIM 技术成熟度	BIM Technology Readiness Level	BIM-JSCSD	BIM-TRL
59	合同清标	Tender Audit	HTQB	TA
60	BIM 工具类软件	BIM Tooling Software	BIM-GJ	BIM-TS
61	基于 BIM 的工程项目管理平台	BIM-based Project Management Platform	BIM-GLPT	BIM-PMP
62	轻量化模型浏览引擎	Lightweight Model Browsing Engine	QLHMXLLYQ	LMBE
63	数字化施工管理平台	Construction Digitalization Management Platform	SZSGGLPT	CDMP
64	B/S 结构	Browser/Server	B/S JG	B/S
65	项目全生命周期管理	Product Lifecycle Management	XMQZQGL	PLM
66	物料清单	Bill of Material	WLQD	BOM
67	设计物料清单	Engineering Bill of Material	SJWLQD	EBOM
68	计划物料清单	Plan Bill of Material	JHWLQD	PBOM
69	制造物料清单	Manufacturing Bill of Material	ZWLQD	MBOM
70	数据信息安全	Data Information Security	SJXXAQ	DIS
71	车路协同	Intelligent Vehicle Infrastructure Cooperative Systems	CLXT	IVICS
72	单车智能	Automatic Drive	DCZN	AD

附录B　技术需求规格书样例

表 B-1　样例

<table>
<tr><td colspan="5">××工程 BIM 实施关联方采购需求</td></tr>
<tr><td colspan="5">项目概况：
总建筑面积 695730m^2，主要由转运中心和综合业务楼组成。转运中心主体 4 层，建筑高度 45.45m，指廊 2 层，建筑高度 22.45m，建筑面积 673940m^2；综合业务楼 4 层，建筑高度 24m，建筑面积 21730m^2；门卫室 2 个，共计建筑面积 60m^2。</td></tr>
<tr><td colspan="5">BIM 实施目标：
详见“转运中心工程 BIM 实施细则”</td></tr>
<tr><td colspan="5">BIM 实施关联方采购要求</td></tr>
<tr><td>采购实施单位</td><td>供应商资质能力要求</td><td colspan="2">采购服务内容</td><td>采购预算</td></tr>
<tr><td rowspan="4">工程设计总包</td><td rowspan="4">能力评定参照详见“BIM 评标策略”</td><td>初步设计阶段</td><td>BIM 建模、BIM 模型应用、多专业模型整合、成果提交审核、成果信息录入</td><td>—</td></tr>
<tr><td>施工图设计阶段</td><td>BIM 建模、BIM 应用、多专业模型整合、综合施工图模型审核、施工图模型录入、二维施工图出图</td><td>—</td></tr>
<tr><td>施工阶段</td><td>深化后 BIM 模型、深化后 BIM 模型变更、设计变更审核</td><td>—</td></tr>
<tr><td>竣工阶段</td><td>竣工模型、图纸审签</td><td>—</td></tr>
<tr><td rowspan="4">配套专业工程设计</td><td rowspan="4">同上</td><td>初步设计阶段</td><td>专业 BIM 建模、专业 BIM 建模调整、专业 BIM 模型应用</td><td>—</td></tr>
<tr><td>施工图设计阶段</td><td>专业配合 BIM 建模、专业 BIM 模型调整、专业 BIM 模型应用、专业二维施工图出图</td><td>—</td></tr>
<tr><td>施工阶段</td><td>施工阶段深化设计、专业施工图模型深化、专业施工图模型调整、专业施工图设计变更、专业施工图变更出图</td><td>—</td></tr>
<tr><td>竣工阶段</td><td>竣工模型、图纸审签</td><td>—</td></tr>
<tr><td rowspan="2">施工承包商</td><td rowspan="2">同上</td><td>施工阶段</td><td>深化设计、配合施工图模型深化、配合施工图模型调整、配合施工图设计深化、施工模拟、施工方案优化、施工质量控制</td><td>—</td></tr>
<tr><td>竣工阶段</td><td>竣工模型、验收</td><td>—</td></tr>
</table>

续表 B-1

专业分包商	同上	施工阶段	深化设计、配合施工图模型深化、配合施工图模型调整、配合施工图设计深化、施工模拟、施工方案优化、施工质量控制	—
		竣工阶段	竣工模型、验收	—
BIM 监理	同上	全过程	过程监督、质控标准、成果报验、审批流转、交付审核、阶段报验资料、BIM 竣工资料审批	—
供应商(以设备供应商为例)	同上	设计、安装阶段	设备 BIM 建模、设备 BIM 模型调整、相关模型应用	
		竣工阶段	最终设备模型	
相关咨询单位(以造价咨询为例)	同上	全过程	BIM 技术辅助工程概算、预算、竣工结算等； 出现变更时,变更前后造价对比	

参考文献

[1] 清华大学 BIM 课题组. 中国建筑信息模型标准框架研究 [M]. 北京：中国建筑工业出版社，2011.

[2] 沈建明. 项目风险管理 [M]. 3 版. 北京：机械工业出版社，2010.

[3] 郭捷. 项目风险管理 [M]. 北京：国防工业出版社，2007.

[4] 张楠. 建设项目 BIM 技术应用风险因素关系研究 [D]. 哈尔滨：哈尔滨工业大学，2016.

[5] 徐明龙，熊峰. BIM 应用过程中的风险研究 [J]. 施工技术，2014 (43)：526-531.

[6] 刘波，刘薇. BIM 在国内建筑业领域的应用现状与障碍研究 [J]. 建筑经济，2015 (9)：20-23.

[7] 杨冬梅，董娜. 业主 BIM 应用障碍及评价体系研究 [J]. 工程经济，2014，4 (26)：45-48.

[8] 陈强. 建筑设计项目应用 BIM 技术的风险研究 [J]. 土木建筑工程信息技术，2012，1 (4)：22-31.

[9] 丰景春，赵颖萍. 建设工程项目管理 BIM 应用障碍研究 [J]. 科技管理研究，2017 (18)：202-209.

[10] 中华人民共和国住房和城乡建设部. 建筑信息模型应用统一标准：GB/T 51212—2016 [S]. 北京：中国建筑工业出版社，2016.

[11] 中华人民共和国住房和城乡建设部. 建筑信息模型施工应用标准：GB/T 51235—2017 [S]. 北京：中国建筑工业出版社，2017.

[12] 中华人民共和国住房和城乡建设部. 建筑信息模型分类和编码标准：GB/T 51269—2017 [S]. 北京：中国建筑工业出版社，2017.

[13] 北京市规划委员会，北京市质量技术监督局. 民用建筑信息模型设计标准：GB11/T 1069—2014 [S]. 北京：中国建筑工业出版社，2014.

[14] 华东建筑设计研究院有限公司，上海建科工程咨询有限公司. 上海市建筑信息模型应用标准：DG/TJ 08—2201—2016 [S]. 上海：同济大学出版社，2016.

[15] 湖南省住房和城乡建设厅. 湖南省建筑工程信息模型设计应用指南. 北京：中国

建筑工业出版社，2017.

[16] 湖南省住房和城乡建设厅. 湖南省建筑工程信息模型施工应用指南. 北京：中国建筑工业出版社，2017.

[17] 中华人民共和国住房和城乡建设部，中华人民共和国国家工商行政管理总局. 建设工程施工合同（示范文本）. 北京：中国建筑工业出版社，2017.

[18] 中华人民共和国住房和城乡建设部，中华人民共和国国家工商行政管理总局. 建设工程监理合同（示范文本）. 北京：中国建筑工业出版社，2012.